ISSN 0021-1915

15. JAHRGANG · SEITEN 1—28 · BERLIN JANUAR 1979

IPRAX 15 15 (1) 1—28 (1979)

32036

1

isotopenpraxis

THEORIA CUM PRAXI

EVP 9,— M

AKADEMIE-VERLAG

ISOTOPENPRAXIS

herausgegeben von J. Mühlenpfordt, Berlin · C. F. Weiss, Leipzig

An unsere Autoren

Die Zeitschrift veröffentlicht Beiträge zu folgenden Themen: Kontrolle und Analyse radioaktiver und stabiler Isotope, Anwendung radioaktiver und stabiler Isotope in allen Gebieten der Forschung und Technik, der Industrie, Landwirtschaft und Medizin, Herstellung radioaktiver und stabiler Isotope sowie von markierten Verbindungen, kernelektronische Geräte für die Isotopenanwendung (Dickenmesser, Dichtemesser u. ä.) Detektoren für isotopentechnische Arbeiten und den Strahlenschutz in Isotopenlaboratorien, Meßtechnik und Strahlenschutz, Dosimetrie in Isotopenlaboratorien, kerntechnische Geräte für die Isotopenanwendung (Betron, Bestrahlungsanlagen u. ä.), Strahlenchemie, Radiochemie, ökonomische und perspektivische Fragen, Fragen der Weiterbildung.

1. Aufnahme von Manuskripten

Zur Veröffentlichung angenommen werden nur druckreife, noch nicht anderweitig publizierte Beiträge in deutscher, englischer oder russischer Sprache zum Themenbereich der Zeitschrift und zwar

- Originalarbeiten
- Kurze Originalmitteilungen
- Aus der Praxis
- Zusammenfassende Berichte
- Tagungsberichte
- Informationen.

Sind der Beitrag oder Teile daraus bereits veröffentlicht oder ist eine anderweitige Veröffentlichung vorgesehen, so muß dies der Redaktion mit genauer Angabe der Zweitveröffentlichung mitgeteilt werden. Mit der Annahme des Manuskriptes behält sich der Verlag das Recht der Vervielfältigung, Verbreitung und Übersetzung innerhalb der gesetzlichen Schutzfrist vor. Auszugsweiser Nachdruck oder photomechanische u. a. Wiedergabe sind an eine schriftliche Genehmigung des Verlages gebunden. Manuskripte, Zeichnungen und Photos von veröffentlichten Arbeiten werden nur auf den besonderen und bis zum Zeitpunkt der Veröffentlichung mitgeteilten Wunsch des Autors zurückgesandt.

Bei der unverlangten Einreichung von Manuskripten wird empfohlen, eine Befürwortung eines der Herausgeber oder Redaktionsausschußmitglieder beizufügen.

Manuskripte sind einzureichen bei der Redaktion, 108 Berlin, Leipziger Str. 3–4.

2. Form der Manuskripte

Die Autoren werden gebeten:

2 Manuskripte, eines davon in Original-Maschinenschrift, einseitig und mit 2zeiligem Abstand einzureichen; gut leserliche Photokopien sind zulässig; auf dem 1. Blatt (unter Weglassung der Bezeichnung)

den Titel der Arbeit
Vorname-Initialen und Namen sämtlicher Autoren
gegebenenfalls die Institution, in der sie tätig sind
eine kurze Zusammenfassung der Arbeit von höchstens 15 Zeilen
Keywords in alphabetischer Reihenfolge und
als Fußnote die Anschrift der Institution anzugeben;

wenn möglich auf gesonderten Blättern Namen, Titel der Arbeit und Zusammenfassung in den beiden anderen obengenannten Sprachen 2fach beizufügen;

Literaturhinweise (fortlaufend numeriert), Fußnoten, Tabellen, Abbildungen (in etwa 2facher Veröffentlichungsgröße), Abbildungsunterschriften (getrennt von den Abbildungen, mit Zeichenerklärungen, Quellenangaben, falls erforderlich, und gegebenenfalls mit einem Vermerk für besondere Wünsche bezüglich der Abbildungsgröße), private und Dienstanschrift der Verfasser mit akademischen Titeln und ausgeschriebenen Vornamen auf besonderen Blättern ans Ende des Manuskriptes zu stellen;

Wünsche für den Kolumnentitel (Seitenüberschrift) bekanntzugeben;

Absätze durch Einzüge von mindestens 3 Anschlägen kenntlich zu machen; die Maßeinheiten des SI-Systems ("Systéme International") zu verwenden; Korrekturen im Manuskript unmittelbar an der zu korrigierenden Stelle anzubringen;

Formeln deutlich lesbar und möglichst groß einzutragen;

Farbabbildungen und nachträgliche Änderungen oder Ergänzungen in Abbildungen zu vermeiden;

hervorzuhebende Textstellen zu unterstreichen, und zwar halbfetten Satz mit einer geraden schwarzen Linie, kursiven Satz (Schrägschrift) mit einer blauen Wellenlinie (alle Eigennamen), Sperrungen gestrichelt;

besondere Buchstaben durch farbige Unterstreichung zu kennzeichnen, und zwar Formelzeichen in

Griechisch-Kursiv (α, β, ...) rot,
Kursiv (A, B, ...) blau
halbfetter Kursiv ($\boldsymbol{A}$, $\boldsymbol{B}$, ...) 2 Linien blau (Vektoren),
halbfetter Grotesk (**A**, **B**, ...) 2 Linien violett (Tensoren);

bei Literaturangaben auf Vollständigkeit zu achten. In nachstehender Reihenfolge müssen angegeben sein:

a) bei *Zeitschriften*: Vorname-Initialen und Namen sämtlicher Autoren, Titel der Zeitschrift (nach „Periodica Chimica" oder möglichst wenig gekürzt), Bandnummer (unterstrichen), Jahreszahl (im Klammern), Heftnummer (nur bei Zeitschriften, die jedes Heft mit S. 1 beginnen) sowie die Seitenzahl, auf der die zitierte Arbeit beginnt.

b) bei *Büchern*: Initialen der Vornamen und Name des Autors (Herausgeber werden durch den Zusatz „ed." gekennzeichnet), voll ausgeschriebener Titel des Buches in der Originalsprache, evtl. Bandnummer, voll ausgeschriebener Name des Verlages, Nummer der Auflage (außer der ersten), Erscheinungsort(e), Erscheinungsjahr (hier nicht in Klammern setzen!) und evtl. Kapitelnummer, Seitenzahl u. ä.

c) bei *Sammelbänden, Tagungsberichten*: Es soll zusätzlich der Titel des zitierten Beitrags angegeben werden. Die Seitenzahl muß unbedingt angegeben werden. Aus dem Zitat muß hervorgehen, ob es sich um einen Tagungssammelband oder um einen noch nicht veröffentlichten Vortrag handelt. Zwischen Tagungsort und Erscheinungsort des entsprechenden Tagungsberichts ist zu unterscheiden.

3. Korrekturen

Der Autor erhält zwei Umbruchabzüge, von denen einer möglichst schnell korrigiert an die Redaktion zurückgereicht werden soll. Auf Wunsch des Autors kann die Korrektur auch von der Redaktion gelesen werden.

Durch nachträgliche Manuskriptänderungen verursachte Korrekturkosten gehen, sofern sie 10% der Satzkosten übersteigen zu Lasten des Autors.,

Der Autor erhält 50 Sonderdrucke kostenlos. Weitere Sonderdrucke können bis zur Rückgabe der Korrekturabzüge auf Kosten des Autors bei der Redaktion bestellt werden.

Bezugsmöglichkeiten

Bestellungen sind zu richten

– **in der DDR** an das Zeitungsvertriebsamt; an eine Buchhandlung oder an den AKADEMIE-VERLAG, DDR-108 Berlin, Leipziger Str. 3/4
– **im sozialistischen Ausland** an eine Buchhandlung für fremdsprachige Literatur oder an den zuständigen Postzeitungsvertrieb
– **in der BRD und Westberlin** an eine Buchhandlung oder an die Auslieferungsstelle KUNST UND WISSEN, Erich Bieber, 7 Stuttgart 1, Wilhelmstr. 4–6
– **in Österreich** an den Globus-Buchvertrieb, 1201 Wien, Höchstädtplatz 3
– **in den übrigen westeuropäischen Ländern** an eine Buchhandlung oder an die Auslieferungsstelle KUNST UND WISSEN, Erich Bieber GmbH, CH-8008 Zürich/Schweiz, Dufourstraße 51
– **im übrigen Ausland** an den Internationalen Buch- und Zeitschriftenhandel; den Buchexport, Volkseigener Außenhandelsbetrieb der Deutschen Demokratischen Republik, DDR-701 Leipzig, Postfach 160, oder an den AKADEMIE-VERLAG, DDR-108 Berlin, Leipziger Str. 3/4.

Zeitschrift „Isotopenpraxis"

Herausgeber: Im Auftrag des Akademie-Verlages herausgegeben von Prof. Dr. Justus Mühlenpfordt und Prof. Dr. Carl Friedrich Weiss

Verlag: Akademie-Verlag, DDR-108 Berlin, Leipziger Straße 3–4; Fernruf 2 23 62 21 oder 2 23 62 29; Telex-Nr. 114 420;

Bank: Staatsbank der DDR, Berlin, Kto.-Nr.: 6836-26-20712

Chefredakteur: Dr. Klaus Uhlig, Berlin

Anschrift der Redaktion (Fernruf: 63 51 11 77) der Zeitschrift Isotopenpraxis: Akademie-Verlag, DDR-108 Berlin, Leipziger Str. 3–4

Veröffentlicht unter der Lizenznummer 1527 des Presseamtes beim Vorsitzenden des Ministerrates der Deutschen Demokratischen Republik

Gesamtherstellung: VEB Druckerei „Thomas Müntzer", DDR-582 Bad Langensalza

Erscheinungsweise: Die Zeitschrift „Isotopenpraxis" erscheint monatlich. Die 12 Hefte eines Jahrganges bilden einen Band. Bezugspreis je Band 144,– M zuzüglich Versandspesen (Preis für die DDR 108,– M), Preis je Heft 12,– (Preis für die DDR 9,– M)

Bestellnummer dieses Heftes: 1079/15/1

AN (EDV) 12831

ISOTOPENPRAXIS ISSN 0021-1915

Band **15** (1979) Heft 1, S. 1–28

Redaktion und Verlag: Akademie-Verlag, Redaktion Isotopenpraxis, 108 Berlin, Leipziger Straße 3–4

Inhaltsverzeichnis

ISOTOPENPRAXIS

Band 15 (1979) Heft 1, S. 1–28

Redaktion und Verlag: Akademie-Verlag, Redaktion Isotopenpraxis, 108 Berlin, Leipziger Straße 3–4

Contents

Quartz of very high purityis used for the production of semiconductors to prevent the contamination of trace elements. On the other hand sodium ions have a high mobility in quartz. Therefore the thermal mobility of sodium ions in different quartz materials was determined in a high temperature range up to 1400 °C by using tracer technique with ^{24}Na. The distribution of sodium ions in the depth was measured by combination of autoradiography with a special polishing technique. The diffusion coefficents and the activation energy of the sodium ions in quartz were calculated as a funktion of density distribution.

This paper deals with investigations of dependence of photodegradiation of ^{14}C-labelled biocid bis(tributyltin)-oxide on anorganic and organic materials. Whereas anorganic materials e.g. aluminium oxide or magnesium silicate do not influence the photolysis of bis(tributyltin)-oxide-(butyl-1-^{14}C), poly- and monosaccharides operate as accelerator. The spezies produced by photochemical degradiation of poly- or monosaccharides (cellulose, starch, glucose, galactose or fructose) engage in the photolysis of the ^{14}C-labelled tinorganic compound and decide the quantity of speed of decomposition. Reduction of the yield of species of the matrix by use of a gradiant of aluminium oxide in cellulose decreases the speed of photolysis of bis(tributyltin)-oxide-(butyl-1-^{14}C).

To get a digital representation of the thickness value it is necessary to linearize the signal voltage. This is done by a special analog-digital-converter with a RC-network whose discharge curve simulates exactly the relationship between signal voltage and thickness. Typical errors are $\lesssim 5‰$ and the measuring time is $\gtrsim 10$ ms.

Содержание

Кварцевое стекло сверхвысокой чистоты широко применяется в высокотемпературных процессах производства полупроводников с тем, чтовбы исключить нежелаемое загрязнение микроэлементами, в частности щелочными ионами. С другой стороны известно то, что ионы Na^+ в кварцевом стекле имеют высокую подвижность. Поэтому, с помощью индикаторной техники (метод активации по ^{24}Na) была определена термическая подвижность ионов Na^+ в различных видах кварцевого стекла (Геразиль, SQ 1, неоднородное кварцевое стекло) в диапазоне высоких температур до 1400 °С. Применение специально разработанной техники изготовления шлифов позволило выполнить радиоавтографическое изображение распределения по глубине введенного диффузией ^{24}Na, а также вычисление на основании распределения почернения коэффициентов диффузии и энергии активации, применяемых в связи с диффузией Na^+.

Описываются исследования фотолиза биоцида бис-трибутиловой окиси олова, меченой ^{14}C, в зависимости от неорганических и органических систем носителей. Выявлено, что неорганические адсорбенты, как окись алюминия или силикат магния, не влияют на фотолиз бис-трибутиловой окиси олова-(бутил-1-^{14}C), вызванный ультрафиолетовым излучением, а поли- и моносахариды действуют как сенсибилизаторы. Радикалы, полученные в результате фотохимического разложения поли- или моносахаридов (целлюлозы, крахмала, глюкозы, галактозы или фруктозы), влияют на процесс фотолиза меченых ^{14}C органических соединений и определяют скорость разложения. С помощью градиента содержания окиси алюминия в целлюлозе число образованных в матрице радикалов уменьшается и, тем самым, скорость фотолиза биоцида трибутиловой окиси олова замедляется.

Для цифрового изображения значений толщины требуется специальный конвертер AD, т. к. взаимоотношение напряжения сигнала с измеряемой величиной нелинейное. Рассматриваемый прибор оснащен резистивно-емкостной сетью, процесс разрядки которой точно симулирует взаимосвязь между измерительным сигналом и толщиной. Типичная относительная погрешность измерения толщины равна $\lesssim 5‰$, а время измерения $\gtrsim 10$ *мсек.*

Fortschrittsberichte

STAND UND ENTWICKLUNGSTENDENZEN AUF DEM GEBIET DER RADIOCHEMIE UND CHEMISCHEN KERNTECHNIK

CHEMIE RADIOAKTIVER ELEMENTE

Zur Analytik des Technetiums

H. Kupsch[1]), *M. Jovtschev*[2])

([1]) Zentralinstitut für Isotopen- und Strahlenforschung der AdW der DDR, Leipzig; [2]) Institut für Kernforschung und Kernenergie, Bulgar. AdW, Sofia)

Inhaltsübersicht

(B 11) INIS DESCRIPTORS:

activation analysis; emission spectroscopy; gravimetric analysis; infrared spectra; isotope dilution; mass spectroscopy; quantitative chemical analysis; radiometric analysis; reviews; sensitivity; spectrophotometry; technetium; technetium isotopes; ultraviolet spectra; X-ray fluorescence analysis

1. Einleitung

Die Analytik des Technetiums ist zweifelsohne keine selbständige Arbeitsrichtung, da sie in den nunmehr 40 Jahren der Technetiumforschung ständig Voraussetzung bzw. Bestandteil der radiochemischen und kernphysikalischen Untersuchungen des Elementes geblieben ist.

Die Suche nach Technetium in terrestrischen und kosmischen Objekten verlangt seit Beginn der Technetiumforschung hochempfindliche Trenn- und Nachweismethoden. Zum radiometrischen Nachweis des Technetiums gesellten sich beim Studium der Chemie des Technetiums sehr bald spektrophotometrische und elektrochemische Analysen der Ionenzustandsformen von Technetiumverbindungen. Die Massenspektrometrie wurde nicht nur zur Atomgewichtsbestimmung eingesetzt, sondern auch zur Spurengehaltsbestimmung von ^{97}Tc, ^{98}Tc und ^{99}Tc unter Anwendung des Prinzips der Isotopenverdünnungsanalyse. Die Neutronenaktivierungsanalyse erwies sich als eine sehr empfindliche Nachweismethode für Technetium (Tab. 1).

Seit der Produktion von wägbaren Technetiummengen durch die Molybdänaktivierung und die Uranspaltung standen hinreichende Mengen zur Präparation und Analyse der unterschiedlichsten Technetiumverbindungen zur Verfügung, wodurch zahlreiche Fragen zur Chemie des Elementes beantwortet werden konnten. Letztendlich wurde auch die Atomabsorptionsspektrometrie und die Röntgenfluoreszenzanalyse des Technetiums durchgeführt. Neuerdings erweist sich die Messung der Veränderung der Halbwertszeit des Konversionsstrahlers ^{99m}Tc als eine neuartige Analysenmethode für Technetiumverbindungen [1—5], deren Einsatzbreite in der Radiochemie des Technetiums noch nicht voll übersehen werden kann.

Mit der Wiederaufbereitung abgebrannter Kernbrennelemente von Kernkraftwerken ergab sich das analytische Problem, den Verbleib des Spaltprodukt-Technetiums sowohl in dem unlöslichen Legierungsbestandteil bei der Auflösung des Kernbrennstoffes mit Salpetersäure als auch in der salpetersauren Spaltprodukt-Abfallösung des Purex-Prozesses aufzuklären. Zur Abtrennung des Technetiums-99 aus Spaltproduktlösungen von Wiederaufbereitungsanlagen für eine mögliche Nutzung gilt es, geeignete, möglichst selektive und kontinuierliche Trennverfahren zu erkunden, deren Analytik mit hohen Anforderungen verbunden ist.

Tab. 1. Empfindlichkeit der Methoden zur quantitativen Bestimmung des Technetiums [10]

Methode	Technetiumisotop	Nachweisgrenze g
Gravimetrie	alle Isotope	$(3-5) \times 10^{-6}$
Spektrophotometrie	alle Isotope	$3 \times 10^{-7} - 1 \times 10^{-6}$
Radiometrie	^{99}Tc	ca. 10^{-7}
	^{99m}Tc	ca. 10^{-16}
Neutronenaktivierungsanalyse	^{99}Tc	2×10^{-11}
	^{98}Tc	3×10^{-10}
Spektroskopie	alle Isotope	10^{-7}
Polarographie	alle Isotope	5×10^{-8}
Massenespktrometrie	^{99}Tc, ^{98}Tc, ^{97}Tc	5×10^{-9}

Seitdem die Technetium-99*m*-Generatoren wie auch die Szintikameras kommerziell verfügbar sind, haben Technetium-99*m*-Nuklearpharmaka den ersten Platz in der Nuklearmedizin eingenommen. Die Präparation neuer Technetium-Nuklearpharmaka, die mit trägerfreiem Technetium-99*m* markiert sind, und deren Eignungsprüfung für humanmedizinische Zwecke stellt besonders hohe Anforderungen an die Analytik. So ist man bei den gegenwärtig verwendeten ^{99m}Tc-Nuklearpharmaka wohl über die Eigenschaften und das Verhalten dieser Verbindungen

Anschriften: [1]) 705 Leipzig, Permoserstr. 15; [2]) 1113 Sofia, Leninallee 72

Tab. 2. Systematik der Isotope des Technetiums

Massen-zahl	Halbwertszeit $T_{1/2}$	Zerfallstyp	Energie der Strahlung in MeV		Entstehung	Lit.
			β	γ		
90	7,9 s	β^+/EC	0,948			[29]
	50 s			1,054		
91	3,12 min	β^-	4,5	0,635	^{99m}Mo	[29, 30]
92	4,3 min	β^+, EC	4,1	0,09 (20%)	Mo(p, n)	[10]
				0,14 (67%)	Mo(d, 2n)	
				0,24 (30%)		
				0,37 (90%)		
				0,79 (95%)		
				1,54 (100%)		
93*m*	43,5 min	EC (18%)	—	0,39 (82%)	Mo(d, n)	[31]
		IT (82%)	—	2,66 (18%)		
93	2,7 h	EC (~ 85%)		0,86 (2,6%)	Mo(d, n)	[31]
				1,35 (60%)		
				1,49 (30%)		
		β^+ (~ 15%)	0,82 (~ 13%)	2,03 (0,35%)	Mo(p, γ)	
				2,44 (0,3%)		
94*m*	52,5 min	EC (34%)		0,87 (73%)	Mo(d, 2n)	[31]
				1,85 (11%)		
				2,73 (1%)	Nb(α, 3n)	[32]
				3,27 (1%)		[33]
		β^+ (66%)	2,41 (54%)	0,87 (91%)		
				1,53 (10%)		
94	4,9 h	EC (93%)	0,8 (2%)	0,705(100%)	Mo(p, n)	
		β^+ (7%)		0,846(100%)	Mo(d, 2n)	[34]
				0,847(100%)	Nb(α, 3n)	[33]
					^{94}Ru $\xrightarrow{\beta^+}$	
95*m*	60 d	IT (4%)		0,039	Mo(d, 2n)	[35]
		EC (95%)		0,204 (71%)		[36]
		β^+ (0,42%)	0,68 (1%)	0,256 (1%)		
				0,584 (40%)		
				0,617 (2%)		
				0,788 (13%)		
				0,822 (8%)		
				0,837 (29%)		
				1,042 (4%)		
95	20 h	EC	—	0,205 (1%)	Mo(d, 2n)	[36]
				0,680 (2%)		[31]
				0,765 (82%)		
				0,84 (10,5%)		
				0,93 (1,7%)		
				1,06 (4%)		
96*m*	52 min	IT	0,013; 0,032	0,034	Mo(p, n)	[10]
				Tc-Röntgen-Str.	Mo(α, 2n)	
96	4,3 d	EC	—	0,310 (4%)	Nb(α, 2n)	[34]
				0,770(100%)	Mo(d, 2n)	
				0,800 (86%)	Mo(d, n)	
				0,840(100%)	Mo(p, n)	
				1,115 (15%)	Ru(n, p)	
97*m*	90,5 d	IT	—	0,096	Mo(d, 2n)	[36]
					Mo(p, n)	[37]
			0,075; 0,094	Tc-Röntgen-Str.	Ru $\xrightarrow{EC}$	
					Mo(d, n)	
97	$2,6 \cdot 10^6$ a	EC	—		Mo(d, 2n)	[38]
					Tc $\xrightarrow{97m\ IT}$	
98	$1,5 \cdot 10^6$ a	β^-	0,30	0,74; 0,65 (100%)	Ru(n, p)	[38]
					Mo(p, n)	
					Mo(d, n)	

Fortsetzung Tab. 2:

Massenzahl	Halbwertszeit $T_{1/2}$	Zerfallstyp	Energie der Strahlung in MeV		Entstehung	Lit.
			β	γ		
99*m*	6,04 h	IT	—	0,002 (98,6%) 0,140 0,142 (1,4%)	^{99}Mo $\xrightarrow{\beta^-}$ Ru(n, p) Th-Zerfall U-Zerfall (^{99m}Mo)	[39]
99	$2,12 \cdot 10^5$ a	β^-	0,292	—	^{99m}Tc $\xrightarrow{IT}$ U-Zerfall	[40] [41]
100	15,8 s	β^-	2,20; 2,88; 3,38	0,542; 0,60 0,71; 0,81 0,89; 1,01; 1,14; 1,31; 1,49; 1,80;	^{99}Tc(n, γ) ^{100}Mo(p, n) ^{103}Rh(n, α)	[42] [43]
101	14,3 min	β^-	1,4	0,307 (91%)	Mo(d, n) Ru(γ, p) Ru(n, np) U-Zerfall	[44] [45]
102	4,5 min	β^-	2	0,473;	Ru(n, p) U-Zerfall	[44]
103	50 s	β^-	 2,2	0,135; 0,215 0,350	Ru(n, p) U-Zerfall	[44] [40]
104	18 min	β^-	1,8 2,4 3,3 4,6	0,36; 0,89; 2,5; 3,5; 4,05 insges. 16 verschiedene lt. Table of Isotopes	Mo(d, xn) Ru(d, xn) Ru(n, p) U-Zerfall (Mo-104)	[40] [44]
105	7,8 min 7,7 min (10 min)	β^-	3,4	0,110	Pu-Zerfall U-Zerfall U-Zerfall (Mo $\xrightarrow{\beta^-}$)	[10]
106	37 ± 4 s					[10]
107	29 ± 3 s					[10]
108	$5 \pm 0,2$ s			0,242 0,466 0,708		[68] [102]

informiert, weiß oft jedoch nichts über den Valenzzustand des Technetiums und die genaue Struktur der Verbindungen.

In Weiterführung vergangener Übersichtsarbeiten [5—13] wird ein Überblick über die bisherigen Analysenmethoden für Technetium und deren Einsatz gegeben. Die elektrochemische Analytik des Technetiums wurde aufgrund der Vielfalt in einer gesonderten Übersicht dargestellt [14].

2. Radiometrie

Die schnellste und einfachste Methode für die Technetiumbestimmung beruht auf der Messung der Radioaktivität seiner Isotope. Gegenwärtig sind 19 Isotope und 7 Kernisomere des Technetiums bekannt, die Massenzahlen von 90 bis 108 und Halbwertszeiten von einigen Sekunden bis $2,6 \cdot 10^6$ Jahren besitzen (Tab.2). Die Technetiumisotope, die leichter als 97 sind, erleiden EC, β^+- und IT-Zerfall. Deshalb ist die Messung ihrer γ-Strahlung für den Nachweis geeigneter, aber es erfolgt bei ihnen leicht eine innere Umwandlung, die von der charakteristischen Röntgenstrahlung (20 keV) des Tochternuklides Mo begleitet wird. Die 97 keV des ^{99m}Tc werden zum großen Teil durch innere Konversion umgewandelt. Es tritt eine Tc-Röntgenstrahlung (21 keV) aus. Da alle Isotope, die schwerer als 98 sind, β^--Zerfall erleiden, mißt man die β^-- oder γ-Strahlung.

Tab. 3. Spezifische Aktivitäten von Technetiumisotopen

Isotop	Halbwertszeit	spez. Aktivität, Ci/g
^{95}Tc	20,0 h	$1,65 \cdot 10^{-6}$
^{97}Tc	$2,6 \cdot 10^6$ a	$1,42 \cdot 10^{-3}$
^{98}Tc	$1,5 \cdot 10^6$ a	$2,43 \cdot 10^{-3}$
^{99}Tc	$2,12 \cdot 10^5$ a	$1,70 \cdot 10^{-3}$

Nur das Technetium-99 ist ein reiner β-Strahler. Das am häufigsten verwendete Isotop ^{99}Tc besitzt eine relativ günstige spezifische Aktivität von (Tab. 3) $3,78 \cdot 10^3$ dpm/μg, bei einer weichen β-Strahlung von $E = 292$ keV. Aufgrund dessen müssen bei absoluten Aktivitätsmessungen eine Reihe von Faktoren berücksichtigt werden (β-Rückstreuung, Selbstabsorption, Geometrie der Messung, maximale Reichweite = 73 mg/cm², Halbwertsschichtdicke = 7,2 mg/cm² [15]), während die relativen Aktivitätsmessungen unkomplizierter sind. Mit *Geiger-Müller*- und β-Proportionalzählrohren können noch 10^{-6} g ^{99}Tc bestimmt werden [16, 17].

Golchert und Mitarbeiter führten eine radiometrische Bestimmung sehr kleiner Mengen Technetium-99 in Wasserproben durch. Nach einer Anreicherung über Mitfällung, Extraktion und Reextraktion sowie einer elektrolytischen Abscheidung des Technetium-99 erreichten sie über Langzeitmessung der β-Strahlung des ^{99}Tc eine Nachweisempfindlichkeit, die der Aktivierungsanalyse gleichkommt [18].

Die Anwendung von Flüssigkeitsszintillatoren zur absoluten Messung der ^{99}Tc-Aktivität führt zu sehr guten Ergebnissen [19], da sie ohne großen Aufwand in der Meßanordnung eines Flüssigkeitsszintillationsspektrometers die 4π-Geometrie der Messung gewährleisten. Nachteilig wirkt sich auf ihre Universalität die Notwendigkeit aus, für jedes zu messende System den entsprechenden Szintillator unter dem Gesichtspunkt der chemischen Indifferenz und der Lumineszenzlöschung auszusuchen. Die Messung der γ-Aktivität der kurzlebigen Isotope ^{99m}Tc, ^{95m}Tc und ^{97m}Tc gestattet eine Nachweisgrenze der radiometrischen Bestimmung von 10^{-16} g [20—23].

Die Entdeckung des Technetiums durch *Perrier* und *Segré* im Jahre 1937 [24, 25], war mit dem radiometrischen Nachweis der Isotope ^{95m}Tc und ^{97m}Tc verbunden, die in trägerfreien Mengen ($\leqq 10^{-10}$ g) nach der Bestrahlung von Molybdänmetall mit hochenergetischen Protonen bzw. Deuteronen des *Berkeley*-Cyclotrons erzeugt wurden.

Das Technetium-95*m* bietet sich aufgrund seiner günstigen Halbwertszeit und Energie der γ-Strahlung als Tracer bei radiochemischen Untersuchungen des Technetiums an, setzt jedoch für seine Produktion ein Cyclotron voraus. *Boyd* und *Larson* verwendeten es bei Untersuchungen zur Solventextraktion des heptavalenten Technetiums als Indikatorisotop [26].

Durch die leichte Verfügbarkeit des Isotops Technetium-99*m* über Neutronenaktivierung von Molybdän oder über die Uranspaltung sowie durch den kommerziellen Vertrieb von Technetium-99*m*-Generatoren hat dieses Technetiumisotop eine sehr breite Anwendung gefunden.

Die günstige Halbwertszeit von 6,0 h und die γ-Energie von 142 keV brachten das ^{99m}Tc auf den ersten Platz in der nuklearmedizinischen Anwendung. Der Einsatz des ^{99m}Tc als Tracer bei radiochemischen Arbeiten mit ^{99}Tc ist beliebt, erfordert jedoch Umsicht bei der Handhabung. Radiokolloidbildung und niedrigvalente Ionenspezies, die radiolysebedingt im Generator gebildet werden [27, 28], gilt es unter Kontrolle zu bringen.

3. Aktivierungsanalyse

Die empfindlichste Bestimmungsmethode für Technetium ist die Aktivierungsanalyse [46]. Das Technetium-98 wird durch Bestrahlung mit thermischen Neutronen nach der Reaktion ^{98}Tc $(n, \gamma)^{99m}$Tc bestimmt. Der Einfangquerschnitt für thermische Neutronen beträgt $\sigma = 2{,}6 \pm 1{,}3$ barn, und die Nachweisgrenze der ^{98}Tc-Bestimmung liegt bei $3 \cdot 10^{-10}$ g (31). Einen wesentlich höheren Einfangquerschnitt für thermische Neutronen besitzt die Reaktion ^{99}Tc(n, γ) ^{100}Tc mit $\sigma = 20 \pm 5$ barn [13, 42]. Dadurch ist ein sehr empfindlicher Technetiumnachweis ($< 2 \cdot 10^{-11}$ g ^{99}Tc) möglich [42].Das ^{100}Tc-Isotop ist bei einer Halbwertszeit von 15,8 s zu kurzlebig, um ein bequemes radiochemisches Arbeiten in der Laborpraxis zu gestatten.

Goldstein [47], *Golchert* und Mitarbeiter [48] und *Quaim* [49] untersuchten die Kernreaktionen des Technetiums-99 bei der Aktivierung mit schnellen Neutronen ($\geqq$ 14 MeV) und bestimmten die Einfangquerschnitte. Aufgrund der niedrigen Empfindlichkeit sind diese Kernreaktionen für Tc-Gehaltsbestimmungen wenig vorteilhaft.

Foti und Mitarbeiter [50] bestimmten Pikogrammengen von Technetium-99 in wäßrigen Lösungen, in Filtrierpapier und in Pflanzenproben durch Aktivierung mit thermischen Neutronen. Die ^{100}Tc-Fraktion mußte in 40—45 s von den anderen induzierten Radionukliden abgetrennt werden. Dabei lag die Nachweisgrenze für die Technetiumbestimmung in Pflanzenproben bei $9 \cdot 10^{-12}$ g ^{99}Tc.

Alimarin und Mitarbeiter [51] verwendeten die substöchiometrische Trenntechnik mittels Extraktion bei der Aktivierungsanalyse von sehr kleinen Technetiummengen.

Neben der quantitativen Technetiumanalyse diente die Neutronenaktivierung der Produktion von Technetiumisotopen — insbesondere von ^{99m}Tc und ^{99}Tc. *Boyd* und Mitarbeiter [52] isolierten bereits im Jahre 1948 Milligrammengen von ^{99}Tc aus neutronenbestrahltem Molybdän. *Tachimori* und Mitarbeiter [53] beobachteten die Diffusion des ^{99m}Tc-Isotops im neutronenbestrahlten MoO_3. Über trockene Destillation bei 400—700 °C konnte eine schnelle Abtrennung des gebildeten ^{99m}Tc-Isotops mit einer Ausbeute von 80% realisiert werden.

Svoboda und Mitarbeiter [54] studierten wie *Motta* und Mitarbeiter [55] die Produktion der Isotope ^{95}Tc, ^{96}Tc, ^{95m}Tc und ^{99m}Tc durch Aktivierung von Molybdän-99 mittels schneller Deuteronen (12,5 MeV). Sie bestimmten die Targetausbeute und diskutierten die Isolierungsmöglichkeiten für die gebildeten Isotope.

Auf der Grundlage der in Tab. 2 dargestellten Kernreaktionen war die radiometrische Detektion von Technetiumisotopen vorwiegend für die aktivierungsanalytische Spurenbestimmung von Ruthenium [56], Rhodium [56], Molybdän [57, 58] und ^{235}Uran in den unterschiedlichsten Materialien vorteilhaft.

Der Technetiumnachweis in verschiedenen Erdmineralien, in denen es über Sekundärreaktionen der Aktivierung von Molybdän, Niob und Ruthenium durch die harte kosmische Strahlung bzw. über die spontane Uranspaltung gebildet wird, wurde neben spektrochemischen und massenspektrometrischen Analysen besonders durch die Neutronenaktivierungsanalyse erbracht [42, 46, 60—63]. Nach einer vollständigen Abtrennung der störenden Elemente konnten 10^{-9}—10^{-11} g Technetium pro kg Mineral durch die Neutronenaktivierungsanalyse gemäß der Reaktion: ^{98}Tc$(n, \gamma)^{99m}$Tc $\rightarrow$ ^{99}Tc, indem die γ-Strahlung des ^{99m}Tc-Isotops gemessen wurde, nachgewiesen werden.

Für die medizinische Anwendung der Technetium-99*m*-Generatoren ist die genaue Kenntnis der Verunreinigungen im Generatoreluat von erheblicher Bedeutung. Zahlreiche aktivierungsanalytische Bestimmungen der Eluatverunreinigungen an kommerziellen Generatoren wurden durchgeführt [64—67].

4. Massenspektrometrie

Inghram und Mitarbeiter [68] bestimmten mittels der Massenspektrometrie das genaue Atomgewicht von Technetium-99 zu 98, 913.

Die Isotopenzusammensetzung einer Technetiumprobe, die von einem mit 22 MeV-Protonen bestrahlten Molybdäntarget abgetrennt werden konnte, ermittelten *Boyd* und Mitarbeiter [70] durch eine massenspektrometrische Analyse. Das Technetium wurde auf einer Iridiumelektrode elektrolytisch abgeschieden und bei 400 °C mit Wasserstoff zu Metall reduziert, dessen Analyse folgende Zusammensetzung ergab: ^{95}Tc (0,5%), ^{97}Tc (56,0%), ^{98}Tc (17,3%) und ^{99}Tc (26,7%). Wie auch *Kukavadze* und Mitarbeiter bestätigten [71], können nach dieser massenspektrometrischen Analysenmethode $5 \cdot 10^{-9}$ g Technetium bestimmt werden.

5. Isotopenverdünnungsanalyse

Die Isotopenverdünnungsanalyse fand bisher in der Technetiumanalytik keine breite Anwendung. *Boyd* und *Larson* [72] erbrachten ein bemerkenswertes Beispiel für den sinnvollen Einsatz der Isotopenverdünnungsanalyse. Sie konnten ng-Beträge der Isotope ^{97}Tc und ^{98}Tc über Isotopenverdünnung nach einer

Tab. 4. Spektrophotometrische Bestimmungsmethode

Oxydationsstufe des Tc	Verbindung	Extinktionsmaximum nm	Molarer Extinktionskoeffizient *E*	Empfindlichkeit bzw. Bestimmungsfehler	Bemerkung	Literatur
Tc(VII)	1. TcO_4^-	244 287	6100 2320	1 µg/ml	keine Störung durch ReO_4^-	[88, 89, 101]
	2. Thioglykolsäurekomplex	655	1800	LBG: 2–40 µl/ml (LBG = Gültigkeitsbereich des *Lambert-Bessr*chen Gesetzes)	Alkalische Lsg. (*p*H 8); max. Farbintensität nach 1 h; es stören Molybdat-, Dichromat- u. Ruthenat-Ionen	[78]
Tc(V)	1. SCN-Komplex					
	1.1.	510	47500	0,1 µg/ml	Red. mit SCN^- in H_2SO_4; max. Farbintensität nach 3 h; es stören U, Fe, Mo	[73]
	1.2.1.	513	46000	LBG: 1–20 µg/ml	Red. mit SCN^- in H_2SO_4; Extraktion mit $(C_3H_7)_4NOH$ in $CHCl_3$	[76]
	1.2.2.	513	52200		Extraktion mit Äther	[73]
	1.3.				Red. mit Ascorbinsäure (Fe^{2+})	[75]
	1.3.1.	585	16500	0,3 µg/ml	in Anwesenheit von Mo	
	1.3.2.	510	50000	0,1 µg/ml	in Abwesenheit von Mo	
	2. p-Thiokresolkomplex	320–325 410	7350		Reduktion durch das Reagens in CH_3COOH; keine Störung durch Re(VII), Mo(VI) u. a.	[85]
	3. Sulfosalicylsäurekomplex	460			Red. mit $SnCl_2$; max. Farbintensität in 0,5 M-Säure	[82]
Tc(IV)	1. $[TcCl_6]^{2-}$	240 338	32000	0,1 µg/ml; Bestimmungsfehler: ±3% LBG: 0,1–1,5 µg/ml (in 3 M HCl) (0,1–5 µg/ml in 11,5 M HCl);	Red. in $HCl_{conc,}$ in der Siedehitze; keine Störung durch ReO_4^- und MoO_4^{2-}	[88, 91]
	2. 1,5-Diphenylcarbohydrazid-Komplex	520	48600	LBG: 0,1–1,5 µg/ml	Red. in 1,5 N H_2SO_4; keine Störung durch VO_4^{3-}, CrO_4^{2-}, MoO_4^-, ReO_4^- Hg^{2+}; max. Farbintensität nach 35 min	[84]
	3. $[Tc(OH)_3(CN)]_4]^{3-}$	380	44000		Auflösen von $TcO_2 \cdot 2\,H_2O$ in 1 M NaOH + KCN	[103, 104]
Tc(III)	1. Cupferonkomplex	350				[106]
	2.	400 750			Red. von TcO_4^- an Hg-Kathode im sauren Milieu	[105]
Tc(I)	$K_5[Tc(CN)_6]$	810 cm^{-1}	120		Red. v. TcO_4^- in K(Hg) + KCN	[103, 104]
	Gemischte oder nicht aufgeklärte Komplexe					
Tc(V) und Tc(IV)	1. α-Pikolinsäure-Klomplex	480	4400		Red. mit $SnCl_2$ oder mit Askorbinsäure	[82]
	2. α-Furyldioxim-Komplex					
	2.1.	430 520 800			In 1 M HCl	[83, 107]
	2.2.	480–570	13180		nach 2 h	

Fortsetzung Tab. 4:

Oxydationsstufe des Tc	Verbindung	Extinktionsmaximum nm	Molarer Extinktionskoeffizient E	Empfindlichkeit bzw. Bestimmungsfehler	Bemerkung	Literatur
	1. Toluol-3, 4-dithiol-Komplex					
	1.1.	450 530	1500	Bestimmungsfehler; ±5%; LBG: 1,5–16 μg/ml	In 2,5 N HCl; Extraktion mit CCl_4	[79]
	1.2.1.	548 693	12500 2760	±2%	In 1–5 N H_2SO_4; keine Störung durch Re und Mo	[81, 80]
	1.2.2.	460 710			In H_2SO_4 ($c > 6N$)	
	1.2.3.	455		±2%	In 9 N H_2SO_4; Extraktion mit Isoamylalkohol	
	2. $[Fe(CN)_6]^{4-}$-Komplex	680	10800	0,15 μg/ml	Red. mit Bi(Hg) in 3–5 N HCl; keine Störung durch Re	[82]

elektrolytischen Abscheidung von Technetiummetall aus einer ^{99}Tc-markierten wäßrigen Lösung und anschließender Massenspektrometrie des Technetiummetalls in Naturobjekten bestimmen.

6. Spektrophotometrie

Die spektrophotometrische Bestimmung des Technetiums beruht auf der Lichtabsorption seiner Ionenformen in der Lösung. Das Pertechnetation und eine größere Anzahl von Komplexionen der niedrigvalenten Oxydationsstufen ergeben gut definierte Absorptionsspektren in den unterschiedlichsten Medien, die den qualitativen und den quantitativen Nachweis des Elementes, in mehreren Fällen auch in Anwesenheit von verwandten Ionen anderer Elemente, gestatten. Eine Übersicht der spektrophotometrischen Technetiumbestimmungen gibt Tab. 4.

Das erste spektrophotometrische Verfahren zum Nachweis von Technetium wurde von *Crouthamel* [73] entwickelt.

Tc(VII) wird von Rhodanidionen im sauren Medium unter Bildung eines roten Komplexes reduziert. Zu einer schwefelsauren Lösung des Tc(VII) gibt man eine wäßrige NH_4SCN-Lösung. Die Reduktion und Komplexbildung ist nach 1–3 Stunden abgeschlossen. Bei $\lambda = 510$ nm in 60 Vol.% Aceton-Wasser-Gemisch kann eine maximale Absorption gemessen werden.

Jasih und Mitarbeiter [74] geben Kaliumrhodanid in HCl als Reagenz zur Bestimmung von Tc(IV) an. Zu einer Tc(IV)-Lösung wird in 6 N HCl das Kaliumrhodanidreagenz gegeben und 5 min auf dem Wasserbad erhitzt.

Howard und Mitarbeiter [75] beschreiben eine schnelle spektrophotometrische Bestimmung von Technetium im Uran.

Tc(VII) wird mit Askorbinsäure in Gegenwart von Fe(III) zum Tc(V) reduziert. Nach der Rhodanidzugabe bildet sich der rote Tc(V)-Komplex, der mit *n*-Butylacetat extrahiert wird. Diese Methode ist anwendbar auf hydrolysiertes UF_6 oder andere Uranlösungen in Gegenwart von Spuren des Eisens, Wolframs und Molybdäns.

Durch Askorbinsäure wird die Reduktion und die Farbbildung wesentlich beschleunigt. Die $FeCl_3$-Lösung gibt man als Oxydations-Reduktionspuffer dazu, um eine Reduktion unter Tc(V) zu verhindern. Nach der Extraktion mit *n*-Butylacetat muß die organische Phase mit Natriumdihydrogenphosphatlösung gewaschen werden, da die Eisenionen mit dem Rhodanid selbst einen farbigen Komplex bilden. Die maximale Absorption wird bei $\lambda = 585$ nm gemessen. Wenn keine Molybdänionen anwesend sind und eine größere Genauigkeit erreicht werden soll, mißt man bei $\lambda = 510$ nm.

Ein weiteres Verfahren zur Technetiumbestimmung in Kernbrennelementaufschlüssen mittels Extraktion des Rhodanokomplexes beschreiben *Foster* und Mitarbeiter [76]. Zu einer wäßrigen Tc(VII)-Lösung gibt man im alkalischen Milieu Tetrapropylammoniumhydroxidlösung und extrahiert 5 min mit Chloroform. Zur organischen Phase gibt man 4,5 M H_2SO_4 und 2 M KSCN-Lösung, nach 7 min Rühren wird eine maximale Absorption des gebildeten Tc(V)-rhodanokomplexes bei $\lambda = 513$ nm gemessen.

Schwochau und Mitarbeiter [77] haben 1974 durch potentialkontrollierte coulometrische Oxydation des gelben Technetium (IV)-rhodanokomplexes, der nur in Abwesenheit von Luftsauerstoff stabil ist, zum roten Technetium(V)-rhodanokomplex den 1-Elektronenübergang des Redoxpaares aufgeklärt und das Redoxpotential zu $E = +0{,}53 +/- 0{,}02$ V bestimmt.

Eine spektrophotometrische Bestimmung von Technetium (VII) über die grüne Farbbildung mit Thioglykolsäure haben *Miller* und *Thomason* [78] durchgeführt.

Zu einer Technetium(VII)-Lösung gibt man eine 1 M Natriumacetatlösung und eine 10%ige Thioglykolsäurelösung. Die Mischung wird 5 min auf dem Wasserbad erhitzt, um die Farbbildung zu beschleunigen. Die Extinktion wird bei $\lambda = 655$ nm bestimmt. Da die Absorptions- und Farbintensität stark vom *p*H-Wert abhängig ist, muß *p*H = 8 unbedingt eingehalten werden.

Eine weitere Methode, der die Komplexbildung von Technetium(VII) mit Toluol-3,4-dithiol zugrunde liegt, beschreiben *Meyer* und Mitarbeiter [80]. Der Komplex bildet sich in 9 N H_2SO_4 in Gegenwart von Bromationen. Es wird das stabilere Zinkdithiolat verwendet, und der gebildete Komplex wird mit Isoamylalkohol extrahiert. Zur wäßrigen Technetium(VII)-Lösung gibt man Bromationen, 59%igen Alkohol und Zinkdithiolsuspension. Nach einer Stunde wird mit Isoamylalkohol extrahiert und die maximale Absorption bei $\lambda = 455$ nm bestimmt. Da Technetium mit Dithiol zweifarbige Komplexe bildet (gelb mit $\lambda = 455$ nm und rosa mit $\lambda = 540$ nm), kann man durch gezielte Bromzugabe die Bildung einer Mischung der beiden Komplexe verhindern. Der gelbe Komplex ist stabiler, wenn er nach der Extraktion von der wäßrigen Phase abgetrennt wird.

Koyama und Mitarbeiter (81) geben eine analoge Bestimmungsmethode für Technetium(VII) mit Zinkdithiolat an. Es wird aber differenziert zwischen der Bildung eines grünen und eines roten Komplexes, der sich je nach der Menge des Reagenzes und der Anwesenheit von Oxydationsmitteln bildet. Die Acidität der Lösung hat außerdem noch Einfluß auf die Komplexbildung.

Zu einer Pertechnetatlösung in 1–5 N H_2SO_4 gibt man Zinkdithiolatemulsion und schüttelt bei 60 °C 30 min lang. Danach wird der rote Komplex quantitativ mit Benzol extrahiert und die maximale Absorption bei 548 nm vermessen. Wird der Komplex aus einer Lösung extrahiert, die größer 6 N H_2SO_4 ist, treten zwei Maxima bei $\lambda_1 = 460$ nm und $\lambda_2 = 710$ nm auf. Daraus folgt, daß 2 Spezies vorhanden sind. Der rote Komplex tritt dimer auf und kann noch zum Tetrameren dimerisieren, während der grüne Komplex monomer ist.

1959 wurde von *Jasim* und Mitarbeitern [74] der Vorschlag neuer Reagenzien zur Bestimmung von Technetium unterbreitet.

Technetium(VII) oder Technetium(IV) geben mit Kaliumxanthogenat in mineralsaurer Lösung eine purpurgefärbte Verbindung, die mit Tetrachlorkohlenstoff oder Chloroform extrahierbar ist.

Technetium(VII) wird mit $SnCl_2$ zu Technetium(IV) reduziert, das mit einer alkoholischen Dimethylglyoximlösung eine grüne Färbung ergibt, die auch beim Kochen stabil ist.

Technetium(VII) bildet in 2 N HNO_3 mit einer 10%igen wäßrigen Thioharnstofflösung eine stabile orange bis rote Färbung. Das Reagenz ist für Technetium sehr empfindlich.

Weitere spektrophotometrische Bestimmungsmethoden für Technetium wurden von *Al-Kayssi* und Mitarbeitern [82] beschrieben.

Technetium(VII) wird in 3–5 N HCl mit Wismutamalgam zu Technetium(V) oder Technetium(IV) reduziert und bildet mit einer 5%igen wäßrigen Kaliumhexacyanoferratlösung einen blauen amminischen Komplex, der bei $\lambda = 680$ nm ein Maximum besitzt.

Technetium(VII) wird mit $SnCl_2$ zu Technetium(V) bei $pH = 1$ reduziert und bildet mit Sulfosalicylsäure einen roten Komplex. Nach 30 min kann die Extinktion bei $\lambda = 470$ nm bestimmt werden.

Eine dritte Methode ist die Reduktion von Technetium(VII) zu Technetium(V) oder Technetium(IV) mit $SnCl_2$ oder Askorbinsäure bei $pH = 2$ und anschließender Komplexbildung mit α-Picolinsäure bei 80 °C. Das Absorptionsmaximum wird bei $\lambda = 480$ nm gemessen.

Kuzina [83] beschreibt eine Methode der Technetiumbestimmung mittels α-Furil-Dioxim.

Technetium(VII) wird mit $SnCl_2$ zum Technetium (V–IV) reduziert. Dies bildet in 1 N HCl mit α-Furil-Dioxim in Acetonlösung einen Komplex, der bei $\lambda = 520$ nm ein Maximum durchläuft. Es treten noch 2 Maxima bei 430 nm und 800 nm auf, aber die optischen Dichten sind für die photometrische Bestimmung zu gering. Die maximale Farbintensität bei 520 nm wird erst nach 2,5 Stunden erreicht.

Eine andere spektrophotometrische Bestimmungsmethode wird von *Miller* und *Zittel* [84] beschrieben.

Technetium(VII) wird in 1,5 N H_2SO_4 mit 1,5-Diphenylcarbohydrazid unter Komplexbildung zum Technetium(V) reduziert. Die Extinktion des Absorptionsmaximums wird bei $\lambda = 520$ nm bestimmt, wobei die Farbbildungszeit 35 min beträgt.

Al-Kayssi und *Magee* [85] geben eine Technetiumbestimmungsmethode mit p-Thiocresol an.

Durch Zugabe von Essigsäure und 5%iger p-Thiocresollösung wird eine wäßrige Pertechnetatlösung zum Technetium(V) reduziert, das mit p-Thiocresol eine Komplexverbindung eingeht. Dieser Komplex wird mit Chloroform extrahiert. Nach 20 bis 40 min wird die maximale Absorption bei $\lambda = 410$ nm bestimmt.

7. IR-Spektroskopie

Das Absorptionssepktrum des Pertechnetatanions zeigt im infraroten Spektralbereich relativ scharfe Banden, die für die qualitative und die quantitative Bestimmung des Technetiums verwendbar sind [86, 87].

TcO_4^- wird mit Tetraphenylarsoniumchlorid (TPACl) als $TPATcO_4$ ausgefällt. Kaliumperchlorat wird dabei als Träger verwendet. Der filtrierte Niederschlag wird getrocknet, mit Kaliumbromid gemischt und gepreßt sowie anschließend als KBr-Preßling im IR-Spektrometer ausgemessen. Bei 11,09 μm zeigt der ausgefällte Komplex ein Absorptionsmaximum, das zur quantitativen Bestimmung benutzt wird. Da die Absorptionsmaxima von Permanganat und Perrhenat eng benachbart zum TcO_4^- liegen, müssen diese beiden störenden Anionen vorher abgetrennt werden.

8. UV-Spektroskopie

Das UV-Absorptionsspektrum des Pertechnetatanions in wäßriger Lösung kann ebenfalls wie das IR-Spektrum zum quantitativen Nachweis für Technetium herangezogen werden. Es zeigt zwei gut ausgebildete Absorptionsmaxima bei 244 nm und 287 nm. Die molaren Extinktionskoeffizienten sind 6100 und 2320 [88, 84, 72, 89].

Technetium und Rhenium können nach dieser Methode simultan bestimmt werden. Der in stark salzsaurer Lösung beständige Hexachlorokomplex des vierwertigen Technetiums ($TcCl_6^{2-}$) zeigt im UV-Absorptionsspektrum 2 Absorptionsmaxima bei 240 nm und 338 nm ($\varepsilon = 3200$ [90]), die einen empfindlichen Technetiumnachweis gestatten. Das *Lambert-Beer*sche-Gesetz wird in folgendem Konzentrationsbereich befolgt: 0,1–5,0 μg/ml aus 11,5 N HCl und 0,1–1,5 μg/ml aus 3 N HCl [91].

9. Spektralanalyse

Durch die Anwendung von Bogen- und Funkenquellen können durch die Spektralanalyse auf der Grundlage der Technetium-Resonanzlinien bei 4297.06, 4262.26, 4238.18 und 4031.63 Å bis 10^{-7} g Technetium bestimmt werden [88, 72, 92].

10. Atomabsorptionsspektrophotometrie

Man kann Technetium quantitativ über die Atomabsorptionsspektrophotometrie bestimmen [93]. Dafür ist eine Hohlkathodenlampe als Spektrallinienquelle notwendig.

Technetium wird aus einer wäßrigen Lösung in einer Acetylen-Luft-Flamme quantitativ nachgewiesen. Die Technetiumhohlkathodenlampe stellt man her, indem man auf eine Kupferfolie Technetiummetall aufzieht und in eine handelsübliche Hohlkathodenlampe einsetzt. Bei dieser Analysenmethode stören nur Calcium, Strontium und Barium; sie werden durch Aluminiumzugabe eliminiert.

11. Röntgenfluoreszenzanalyse

Von *Lux* und Mitarbeitern [94] ist eine Methode zum Nachweis für Molybdän mittels Röntgenfluoreszenzanalyse ausgearbeitet worden, die wegen der sehr großen Ähnlichkeit im Verhalten von Molybdän und Technetium fast ohne Abstriche auf Technetium übertragen werden kann. Man kann wäßrige bzw. nichtwäßrige Lösungen von Technetium sofort ohne vorhergehenden chemischen Aufschluß bestimmen, da bei geringen Konzentrationen fast keine Interelementeffekte zu berücksichtigen sind. Das Hauptanwendungsgebiet dieser Analysenmethode liegt nicht bei den möglichen Mikrobestimmungen, sondern bei der einfachen und genauen Bestimmung weniger Milligrammengen Technetium.

Weitere Angaben zum Röntgenfluoreszenzspektrum geben *Rogosa* und Mitarbeiter [95] sowie *Burkhardt* und Mitarbeiter [96].

12. Gravimetrie

Zur gravimetrischen Bestimmung werden folgende schwerlösliche Verbindungen des Technetium(VII) angewendet, die aus den Analyselösungen quantitativ ausgefällt werden:

a) Tetraphenylarsoniumpertechnetat $(C_6H_5)_4AsTcO_4$
Es stören ReO_4^-, F^-, J^-, Br^-, SCN^-, Ag^+, Hg^{2+}, Pb^{2+}, Sn^{2+}, Bi^{2+}, Oxydationsmittel und hohe Nitrationenkonzentrationen [97, 98];

b) 1,4-Diphenyl-end-anilo-niazolin (Nitronpertechnetat) $C_{20}H_{17}N_4TcO_4$
Es stören ReO_4^-, ClO_4^-, NO_3^-, Oxydationsmittel (z. B. MoO_4^-) [99];

c) Technetiumheptasulfid, Tc_2S_7
Es stören Elemente, die mit dem Sulfidion unlösliche Sulfide bilden [100, 101]. Die Nachweisgrenze der gravimetrischen Bestimmung liegt bei $3-5 \cdot 10^{-6}$ g.

Wichtigste Voraussetzung bei der gravimetrischen Methode ist die Abwesenheit der störenden Ionen. Das schränkt ihren Anwendungsbereich erheblich ein.

Eingegangen am 16. 5. 1978

Literatur

[1] *K. T. Bainbridge, M. Goldhaber, E. Wilson*, Phys. Rev. **90** (1953) 430
[2] *D.H. Byers, R. Stump*, Phys. Rev. **112** (1958) 77
[3] *R. A. Porter, W. G. McMillan*, Phys. Rev. **117** (1960) 795
[4] *K.-P. Dostal, E. Hartmann, D. Hinneburg, H. Kupsch, M. Nagel, A. Rigo*, Z. f. Naturforschung **33 0** (1978) 1050
[5] *J. W. Cabble*, Treatise on Analytical Chemistry, Interscience, New York 1964, Part II A, Chap. 43, 408
[6] *K. Schwochau*, Angew. Chem. **76** (1964) 9
[7] *V. J. Spytzin, A. F. Kuzina*, Priroda, **3** (1964) 59
[8] *A. A. Pozdnyakov*, Usp. Chimii **34** (1965) 300
[9] *R. F. Hirsch*, Dissertation, Univ. Microfilms (Am. Arbor, Mich.) Order No. 65-10977, Diss. Abstr. **26** (1965) 2441
[10] *K. B. Kotegov, O. N. Pavlov, V. P. Shvedov*, Advan. Inorg. Chem. Radiochem. **11** (1968) 1
[11] *R. A. Pacer*, Dissertation, Univ. Microfilms (Am. Arbor, Mich.) Order No. 65-11009, Diss. Abstr. **26** (1965) 2442
[12] *G. Goldstein*, Dissertation, Univ. Microfilms (Am. Arbor. Mich.) Order No. 65-11, 572, Diss. Abstr. **26** (1965) 1888
[13] *A. K. Lavruchina, A. A. Pozdnyakov*, Analytische Chemie Tc, Pm, At und Fr, Moskau 1966
[14] *M. Jovtschev, H. Koch, H. Kupsch*, Isotopenpraxis **11** (1975) 369
[15] *J. W. Goodier, A. Williams*, Nature, **210** (1966) 614
[16] *B. A. Brown*, Dissertation, State Univ. of New York, 1974
[17] *V. J. Spytzin, N. V. Michejev*, Isotopenpraxis 8 (1972) 365
[18] *N. W. Golchert, J. Sedlet*, Anal. Chem. **41** (1969) 669
[19] *G. Goldstein*, Nucleonics **23** (1965) 67
[20] *R. Münze*, Kernenergie 4 (1961) 808
[21] *P. Richards*, AEC Symposium, Radioact. Pharmaceuticals **6** (1966) 323
[22] *R. Weinreich*, CONF-710705, Vienna, IAEA (1971) 405
[23] *E. D. Williams, H. Glass, A. W. G. Golden*, J. Nucl. Med., **13** (1972) 159
[24] *C. Perrier, E. Segré*, J. Chem. Phys. **5** (1937) 712
[25] *C. Perrier, E. Segré*, J. Chem. Phys. **7** (1939) 155
[26] *G. E. Boyd, Q. V. Larson*, J. Phys. Chem. **64** (1960) 988
[27] *J. Y. Guennec*, Dissertation, FRNC-TH-442 (1973)
[28] *R. Münze*, Kernenergie **4** (1961) 808
[29] *R. Jafigliola, S. C. Gujrathi, B. L. Tracy, J. K. P. Lee*, Can. J. Phys. **52** (1974) 96
[30] *H. Verheul, B. B. Ewbank*, Nucl. Data Sheet, B, 8 (1972) 477
[31] *G. B. Vingiani, S. Monaro, R. A. Ricci, R. v. Lieshout*, Nuovo Cimento **23** (1962) 729
[32] *N. M. Sinicyn, G. V. Korpusov, L. M. Zajcev, V. J. Levin, S. M. Sinicyna, J. Z. Prokopčuk, B. A. Zajcev, A. J. Grivkova, L. L. Volosenko*, Chimija dolgoživuščich oskoločnych elementov, Moskva 1970
[33] *P. Kienle, K. Wien, U. Zahn, B. Weckermann*, Z. Phys. **176** (1963) 226
[34] *S. Monaro, G. B. Vingiani, R. v. Lieshout*, Physica **28** (1962) 52
[35] *G. Chilosi, R. A. Ricci, G. Varcaccio*, Nuovo Cimento **19** (1961) 1121
[36] *J. P. Unik, J. O. Rasmussen*, Phys. Rev. **115** (1959) 1687
[37] *B. W. Huber, K. Kraemer*, Z. Phys. **267** (1974) 111
[38] *S. Katcoff*, Phys. Rev. **111** (1958) 575
[39] *G. T. Seaborg, E. Segré*, Phys. Rev. **55** (1939) 808
[40] *S. Fried, A. H. Jaffey, N. F. Hall, L. E. Glendenin*, Phys. Rev. **81** (1951) 741
[41] *A. H. Jaffey, S. Fried, N. F. Hall, L. E. Glendenin*, Phys. Rev. **81** (1951) 299
[42] *G. E. Boyd, Q. V. Laron*, J. Phys. Chem. **60** (1956) 707
[43] *J. Csikai, J. Basco, A. Daroszy*, Nucl. Phys. **41** (1963) 316
[44] *J. Flegenheimer, D. Geithoff*, Z. Naturforschung **12a** (1957) 351
[45] *J. Flegenheimer, W. Seelmann-Eggeberg*, Z. Naturforschung **11a** (1956) 678
[46] *E. A. Alperovitch, J. M. Miller*, Nature **176** (1955) 299
[47] *G. Goldstein*, J. Inorg. Nucl. Chem. **28** (1966) 676
[48] *N. W. Golchert, G. D. Gardner, J. Sedlet*, Nucl. Phys. **73** (1965) 349
[49] *S. M. Quim*, Z. Naturforschung **25a** (1970) 1977; Nucl. Phys. **A 185** (1972) 614; J. Inorg. Nucl. Chem. **35** (1973) 3669; EUR-5182e (1974) 939
[50] *S. Foti, E. Delucchi, V. Akamian*, US. Nat. Techn. Inform. Serv. ADRep. Nr. 733450 (1971) NOLTR-71-119; Analyt. Chim. Acta **60** (1972) 261 u. 269
[51] *U. A. Alimarin, G. P. A. Perezhogin*, Talanta **14** (1967) 109
[52] *G. E. Boyd, Q. V. Larson, E. E. Motta*, AECD-2151 (1948); J. Amer. Chem. Soc. **82** (1960) 809
[53] *S. Tachimori, H. Nakamura, H. Amano*, J. Nucl. Sci. Technol. 8 (1971) 295
[54] *K. Svoboda, Z. Randa, J. Hruby*, Isotopenpraxis 5 (1969) 247
[55] *E. E. Motta, G. E. Boyd*, Phys. Rev. **74** (1948) 344
[56] *Y. Oka, T. Kato, T. Saito*, J. Chem. Soc. of Japan, Pure Chem. 88 (1967) 866
[57] *H. Grosse-Ruyken, H. G. Döge*, Talanta **12** (1965) 73
[58] *R. Dams, J. Hoste*, Anal. Chim. Acta **41** (1968) 197
[59] *D. A. Hilton, D. Reed*, Analyst 89 (1964) 599
[60] *W. Herr*, Z. Naturforschung **9a** (1954) 907
[61] *E. Alperovitch, J. M. Miller*, Nucleonics **13** (1955) 68
[62] *E. Anders*, J. Phys. Chem. **60** (1956) 707
[63] *B. T. Kenna, P. K. Kuroda*, J. Inorgan. Nucl. Chem. **23** (1961) 142
[64] *P. Richards, M. J. O'Brien*, J. Nucl. Med. **10** (1963) 517
[65] *M. A. Kay, D. H. Gray, I. R. Vogt*, Anal. Chem. **45** (1973) 2261
[66] *L. G. Colombetti, W. E. Barnes*, Int. J. Appl. Radiat. Isot. **25** (1974) 455
[67] *Th. Mueller, E. Steines*, Scand. J. Clin. Lab. Invest. **28** (1971) 213
[68] *E. Cheifetz, A. Wolf*, WIS-Ph-76/15 INIS 8 (4) 77 289008
[69] *M. G. Inghram, D. C. Hess, R. J. Hayden*, Phys. Rev. **72** (1947) 1269
[70] *G. E. Boyd, J. R. Sites, Q. V. Larson, C. R. Baldock*, Phys. Rev. **99** (1955) 430 u. 1030
[71] *M. N. Kukavadze* u. Mitarb., At. Energ. (USSR) 8 (1960) 365
[72] *G. E. Boyd, Q. V. Larson*, J. Phys. Chem. **60** (1956) 707
[73] *C. E. Crouthamel*, Anal. Chem. **29** (1957) 1756
[74] *F. Jasim, R. L. Magee, C. L. Wilson*, Talanta **2** (1959) 93
[75] *O. H. Howard, C. W. Weber*, Anal. Chem. **34** (1962) 530
[76] *R. E. Foster, W. J. Maeck, J. E. Rein*, Anal. Chem. **39** (1967) 563
[77] *K. Schwochau, L. Astheimer, J. Hauck, H. J. Schenk*, Angew. Chem. **86** (1974) 350
[78] *F. J. Miller, P. F. Thomason*, Anal. Chem. **32** (1960) 1429
[79] *F. J. Miller, P. F. Thomason*, Anal. Chem. **33** (1961) 404
[80] *R. J. Meyer, R. D. Oldham, R. P. Larson*, Anal. Chem. **36** (1964) 1975
[81] *M. Koyama, K. Emoto, M. Kawashima, T. Fujinaga*, Anal. Chem. **17** (1972) 679
[82] *M. Al-Kaissy, R. J. Magee, C. L. Wilson*, Talanta **9** (1962) 125

[83] *A. F. Kuzina*, Žurnal anal. chim. **17** (1962) 489
[84] *F. J. Miller, H. E. Zittel*, Anal. Chem. **35** (1963) 299
[85] *M. Al-Kaissy, R. J. Magee*, Talanta **10** (1963) 1047
[86] *R. J. Magee, M. Al-Kaissy*, Anal. Chim. Acta **27** (1962) 469
[87] *K. Schwochau*, Angew. Chem. **76** (1964) 9
[88] *G. E. Boyd*, J. Chem. Educat **36** (1959) 3
[89] *G. E. Boyd, J. W. Cobble, C. M. Nelson, W. T. Smith*, J. Am. Chem. Soc. **74** (1952) 556
[90] *D. I. Rjabčikov, A. A. Pozdnjakov*, Dokl. AN SSSR **161** (1965) 896
[91] *A. A. Pozdnjakov*, Žurnal anal. chim. **20** (1965) 473
[92] *W. F. Meggers*, Spectrochim. acta **4** (1961) 317
[93] *Willard*, Anal. Chem. **44** (1972) 520
[94] *Lux*, Z. anorg. allg. Chem. **341** (1965) 142
[95] *Rogosa*, Phys. Rev. **100** (1955) 1763
[96] *Burkhart*, Phys. Rev. **73** (1948) 347
[97] *G. W. Parker, W. J. Martin*, ORNL-1116 (1952) 26
[98] *S. Tribalat, J. Beydon*, Anal. Chim. Acta **6** (1952) 96; Anal. Chim. Acta **8** (1953) 22
[99] *V. J. Spicyn, A. F. Kuzina*, Atomnaja energija **5** (1958) 975
[100] *G. E. Boyd, Q. V. Larson, E. E. Motta*, J. Amer. Chem. Soc. **82** (1960) 809
[101] *C. L. Rulfs, W. W. Meinke*, J. Am. Chem. Soc. **74** (1952) 235
[102] *N. Trautmann, N. Kaffrell, H. W. Behlich, H. Folger, G. Herrmann, D. Hübscher*, Radiochimica Acta **18** (1972) 86
[103] *J. E. Fergusson, R. S. Nyholm*, Chem. and Ind. **13** (1960) 347
[104] *K. Schwochau, W. Herr*, Z. f. anorg. u. allgem. Chem. **318** (1962) 198
[105] *G. B. S. Salaria, C. L. Rulfs, P. J. Elving*, Anal. Chem. **35** (1963) 979
[106] *G. B. S. Slaria, C. L. Rulfs, P. J. Elving*, Analyt. Chem. **36** (1964) 146
[107] *J. J. McGrown, R. P. Larsen*, Anal. Chem. **33** (1961) 1003

Originalarbeiten

Untersuchungen zur Diffusion und thermischen Beweglichkeit von Na^+-Ionen in Kieselglas im Temperaturbereich 800–1400 °C

Teil I. Bestimmung der Diffusionskoeffizienten

K.-P. Rudolph, J. Flachowsky

(Zentralinstitut für Isotopen- und Strahlenforschung)[1])

Kieselglas höchster Reinheit wird umfangreich bei den Hochtemperaturprozessen der Halbleiterfertigung eingesetzt, um unerwünschte Spurenelementkontaminationen, insbesondere der Alkali-Ionen zu vermeiden. Andererseits ist bekannt, daß Na^+-Ionen eine hohe Beweglichkeit im Kieselglas besitzen. Deshalb wurde die thermische Beweglichkeit von Na^+-Ionen in verschiedenen Kieselgläsern (Herasil, SQ1, inhomogenes Kieselglas) im Hochtemperaturbereich bis 1400 °C mittels Radionuklidtracertechnik (^{24}Na-Aktivierungstechnik) bestimmt. Unter Verwendung einer speziell entwickelten Schlifftechnik konnten autoradiographisch die Tiefenverteilungen des eindiffundierten ^{24}Na abgebildet und über die Schwärzungsverteilung die Diffusionskoeffizienten und Aktivierungsenergien der Na^+-Diffusion berechnet werden.

(D 24) INIS DESCRIPTORS:

activation energy; autoradiography; cations; diffusion; depth; fick laws; glass; ion mobility; quartz; sodium 24; sodium compounds; spatial distribution; tracer techniques; very high temperature

1. Einleitung

Die Herstellung sowie Verarbeitung von Halbleitergrundmaterialien (Si, Ge) erfolgt fast ausschließlich in Apparaturen aus reinem Kieselglas (99,9% SiO_2).

Na^+-Ionen spielen in Halbleitermaterialien wegen ihrer hohen elektrischen Beweglichkeit eine besonders störende Rolle. Gelangen Na^+-Ionen bei der Oxydation (1100–1300 °C) aus der Umgebung z. B. dem Schamottematerial des Ofens in die Si/SiO_2-Grenzschicht eines MOS-Bauelementes, so führt dies schon bei geringsten Kationenkonzentrationen (10^{-13} g Na bei einer üblichen Si-Scheibe von $\varnothing = 30$ mm, $d_{ox} = 100$ nm) zu inhomogener Ladungsverteilung und damit zu einer quantitativ nicht vorhersehbaren Verschlechterung der Sperrspannung. Untersuchungen dieser Art sind auch aus anderen Aspekten von Interesse. Für den Einsatz von Kieselglasapparaturen (präparative Arbeiten mit Radioisotopen hoher Aktivität, mikroanalytische Spurenbestimmungen u. ä.) ist es wichtig, wie sich das Material bezüglich der Kationendiffusion bei höheren Temperaturen verhält. Es ist denkbar, daß an fertigungstechnologisch bedingten Störstellen im Kieselglas wie Mikroporen, Mikrorissen, möglichen Restkristalliten, Rekristallisationsbereichen oder anderen inneren Oberflächen thermisch leicht bewegliches Na^+ neben der üblichen Volumendiffusion „bevorzugt" entlangwandert. Die vorliegenden Untersuchungen beschränken sich daher nicht nur auf homogenes, blasenfreies Kieselglas, sondern schließen auch inhomogenes Material technischer Qualität ein.

Ein dritter Gesichtspunkt ist gleichfalls von Interesse. Radioaktive Rückstände werden, wenn sie zur Deponie vorgesehen sind, in Bitumen, Zement oder Asphalt eingegossen und in letzter Zeit zunehmend „verglast", d. h. nach entsprechender Aufarbeitung im trockenen, festen Zustand mit pulverförmigem Glasmaterial (hauptsächlich SiO_2) durchmischt und verschmolzen. Um aber die Dauerlagerungsfähigkeit und das Langzeitverhalten verglaster radioaktiver Rückstände beurteilen zu können, sind Grundkenntnisse über Transportmechanismen thermisch leichtbeweglicher Radionuklide in der Matrix SiO_2 unbedingt notwendig. Besonders aus letzterem Grund wurde zusätzlich geprüft, ob eine Strahlenbelastung des Untersuchungsmaterials (Gammafeld, ^{60}Co-Quelle 35 krad/h) zu signifikanten Veränderungen im Diffusionsverhalten führt.

[1]) Anschrift: 705 Leipzig, Permoserstr. 15

2. Allgemeine Betrachtungen

In der Literatur zu findende Untersuchungen zur Na^+-Diffusion in SiO_2 erfolgten fast immer unter dem Blickwinkel der Glasherstellung im Temperaturbereich 200--1000 °C, weniger dagegen unter anwenderspezifischen Bedingungen an massivem Kieselglas. Die wichtigsten Arbeiten stammen von *Frischat* an Kieselgläsern unterschiedlicher Art, Provenienz und Vorbehandlung sowie in kristallinem Quarz [1--25]. Alle Messungen zur Na^+-Diffusionskoeffizientenbestimmung wurden von diesem Autor einheitlich nach der in [10] beschriebenen Restaktivitätsmethode durchgeführt, die aus dem Bereich der Metalluntersuchungen übernommen wurde. Bei dieser Technik wird auf die geschliffene und polierte Oberfläche einer Kieselglasprobe (Rundmaterial ∅ = 20 mm, d = 4 mm) ein Tropfen ^{22}NaCl-Lösung gleichmäßig aufgetragen und eingetrocknet. Ein „Sandwich" bestehend aus zwei so vorbereiteten Proben wird bei der ausgewählten Temperatur und Zeit getempert. Die Aufnahme des Diffusionsprofils erfolgt durch schichtweises Abschleifen von der mit dem Radiotracer beschichteten Oberfläche aus, wobei die Na-Konzentrationsbestimmung über die ^{22}Na-Aktivitätsmessung in der Restprobe erfolgt.

Diese Restaktivitätsmethode hat unseres Erachtens mehrere prinzipielle Nachteile, und wurde daher von uns bei Diffusionsmessungen nicht angewendet.

Die nachfolgenden autoradiographischen Aufnahmen zeigen die Na^+-Diffusion in Kieselgläsern verschiedener Herkunft und Materialhomogenität (Abb. 1). Bei der Restaktivitätsmethode

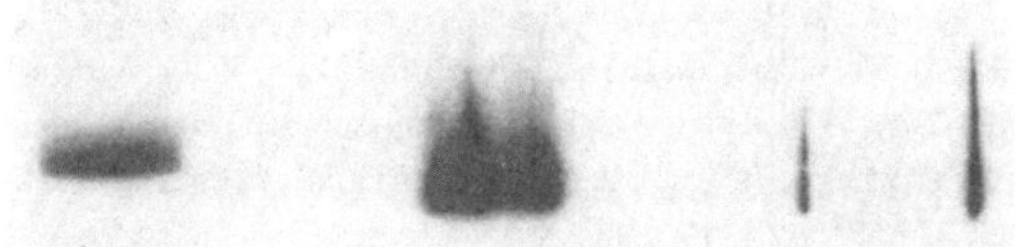

a b c

Abb. 1. $^{24}Na^+$-Diffusion in verschiedene Kieselglassorten

mit schichtweisem Abschleifen in der Diffusionsrichtung wird unter der Annahme idealer Volumendiffusion (radiale, homogene Tracerverteilung) in der Diffusionsrichtung gemessen. In der zweiten Aufnahme erkennt man, neben der erwarteten Volumendiffusion deutlich Bereiche, in die das Na^+ in unterschiedlicher Menge, möglicherweise auch mit unterschiedlicher Geschwindigkeit diffundiert. Eine integrierende Messung würde den wahren Diffusionsverlauf nicht wiedergeben. Die Restaktivitätsmethode erlaubt nicht die Messung differentieller D-Werte. Aus dem nach der Restaktivitätsmethode ermittelten Diffusionsprofil sind zwar Abweichungen erkennbar, über deren Ursachen können aber kaum Aussagen gemacht werden. Im dritten Fall (Oberflächendiffusion) würde die Restaktivitätsmethode unter der Annahme einer Volumendiffusion sogar falsche Werte liefern. Es muß allerdings an dieser Stelle gesagt werden, daß *Frischat* von den Rändern und Seiten seiner Proben etwa 1 mm durch Abschleifen entfernt hat, um Verfälschungen durch Oberflächendiffusion auszuschalten. Weitere Nachteile dieses Verfahrens werden in der folgenden Abbildung gezeigt (Abb. 2). Bei jeder schrittweisen Aktivitätsmessung in der Diffusionsrichtung ändert sich die Meßgeometrie und die innere Absorption der vermessenen Restprobe. Die rechnerischen Korrekturen der Geometrieänderung und der Änderung der Selbstabsorption sind von erheblichem Aufwand und idealisiert. Letzteres insbesondere deshalb, weil axiale und radiale Symmetrie der Radionuklidtracerverteilung vorausgesetzt wird, die aber in der Praxis

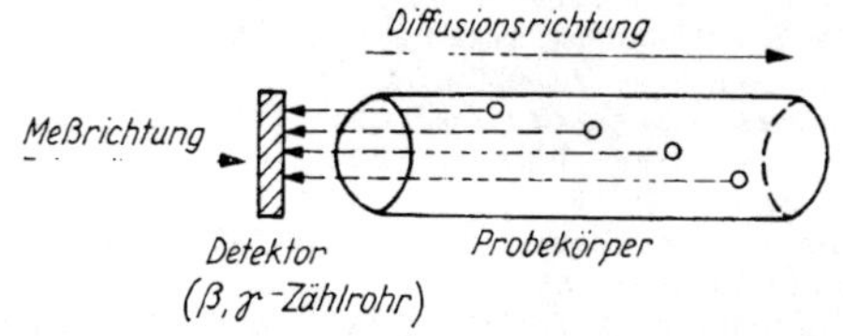

Abb. 2. Restaktivitätsmethode, schichtweises Abtragen (Schema)
Unterschiedlich lange Wege der radioaktiven Strahlung in der Probe zum Detektor, daher Korrekturen notwendig: 1. infolge Änderung der Geometrie; 2. infolge Änderung der inneren Absorption

keineswegs immer vorhanden ist. Inhomogene Radionuklidtracerverteilungen können aber rechnerisch nicht erfaßt werden. Ideale Volumendiffusion ist bei technischen Produkten wie Kieselglas nicht a priori vorauszusetzen. Weitere Probleme dürften im gleichmäßig-parallelen Abschleifen zu den Endflächen der Probekörper bei der Schichtenabtragung und in den hohen Na^+-Verdampfungsverlusten bei $t > 1000$ °C liegen. Bei den nachfolgend beschriebenen Diffusionsuntersuchungen wurde deswegen ein anderer Weg gegangen. Die zylinderförmigen Kieselglasprobekörper wurden nach der Diffusion in Epoxidharz eingegossen (besseres Abschleifen, scharfe Bildkanten bei der Abbildung), senkrecht zur Diffusionsrichtung beidseitig gleichmäßig plan abgeschliffen (Probendicke ~ 1 mm) und die ^{24}Na-Verteilung autoradiographisch abgebildet (Abb. 3). Durch

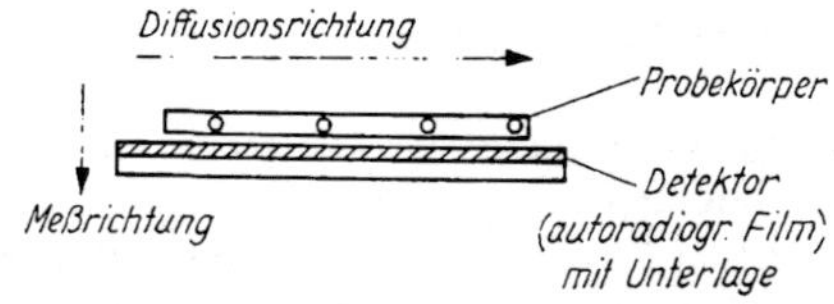

Abb. 3. Autoradiographie, Messung senkrecht zur Diffusionsrichtung
Gleichmäßig kurzer Weg der radioaktiven Strahlung zum Detektor, Korrekturen im allgemeinen nicht notwendig

die Autoradiographie erhält man ein direktes, visuelles, anschauliches Bild der Na^+-Verteilung in der Probe. Die Aufnahme des Diffusionsprofils aus dem Autoradiogramm erfolgt photometrisch. Das hat den entscheidenden Vorteil, daß die Spaltbreite und -höhe des Lichtstrahls, mit dem das Autoradiogramm in der Diffusionsrichtung punktweise abgetastet wird, variierbar sind. Somit können interessierende typische als auch atypische Diffusionsbereiche auf dem Autoradiogramm mit dem entsprechend justierten Lichtstrahl einzeln quantitativ photometriert werden (Abb. 4). Selbstverständlich kann auch wie bei der Restaktivitätsmethode integrierend gemessen werden, indem die Breite des Photometerlichtstrahls einfach auf die Gesamtbreite der Abbildung eingestellt wird.

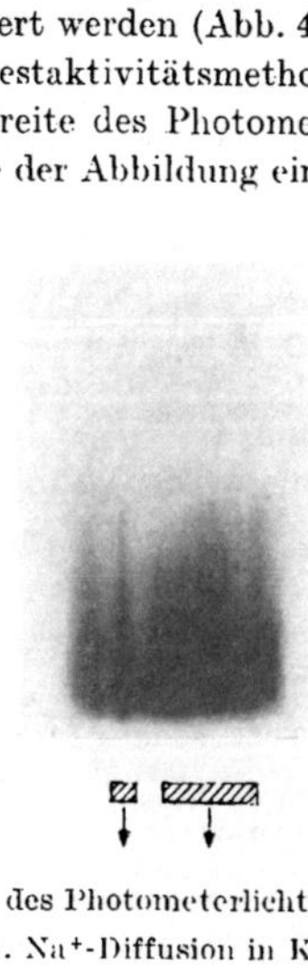

Breite des Photometerlichtstrahls, Höhe nicht maßstabgerecht

Abb. 4. Na^+-Diffusion in Kieselglas techn. Qualität

Die Hochtemperaturdiffusionsversuche wurden aus Strahlenschutzgründen vorzugsweise mit dem kurzlebigen Nuklid $^{24}_{11}Na$ ($T_{1/2} \sim 15$ h) durchgeführt. Dieses Nuklid ist wesentlich billiger als das $^{22}_{11}Na$ ($T_{1/2} \sim 2{,}6$ y) und kann leicht durch Neutronenaktivierung (n-γ-Reaktion) im Reaktor hergestellt werden. Kontaminationen der Umgebung mit radioaktivem Natrium z. B. durch Verdampfungsverluste in das Schamottematerial des Ofens sind beim $^{24}_{11}Na$ nach etwa einer Woche abgeklungen.

3. Experimentelle Einzelheiten

Bei allen Versuchen wurden Kieselglaskörper einheitlicher Abmessung ($L \sim 20$ mm, $\varnothing = 10$ mm) folgender Herkunft eingesetzt.

1. *Herasil-Kieselglas*, aus Bergkristall in der Knallgasflamme erschmolzenes Glas, blasenfrei und homogen, auch für optische Zwecke einsetzbar (Hersteller: Heraeus-Schott Quarzschmelze GmbH. Hanau/M., BRD)
2. *Ilmenauer Kieselglas*, aus Bergkristall in der Knallgasflamme erschmolzenes Glas mit vereinzelten Bläschen und Gaseinschlüssen (Hersteller: VEB Kombinat Technisches Glas Ilmenau, DDR)
3. *Synthetisches Kieselglas* SQ_1, aus $SiCl_4$ in der Knallgasflamme hergestelltes homogenes und blasenfreies Material, (Hersteller: VEB Glaswerke Schott und Gen. Jena, DDR). Dieses Glas wurde nur bei einigen Versuchen eingesetzt.

Um diffusionshemmende Phasengrenzreaktionen auszuschalten, mußte die Oberfläche der Diffusionskörper sehr gleichmäßig plan geläppt werden (Poliergerät „Montasupal", VEB Optische Werke Rathenow DDR, ungebundenes SiC-Korn 5 ... 3,5 µm) und sehr sauber sein (Feinreinigung mit halbkonz. Salzsäure, Zwischenspülen, halbkonz. Flußsäure, Leitungswasser, dest. und bidest. Wasser, Trocknen mit dem Warmluftgebläse).

Die natriumdotierten Probekörper wurden durch Tempern in Na^+-haltigem Quarzmehl (16 h, 1000 °C) erhalten und im Reaktor (ZfK Dresden-Rossendorf, Neutronenfluß $\Phi = 10^{13} n/cm^2 \cdot s$) neutronenaktiviert. Aktivierte ^{24}Na-haltige Probekörper (ca. 25 Stck. pro Versuchsparameter) wurden mit der Endfläche auf inaktive Probekörper (Na^+-Fänger) aufgesetzt und in den Diffusionsofen bei vorgegebener Temperatur gebracht (Silitstabheizofen, VEB Ofenbau Bad Frankenhausen/DDR) (Abb. 5).

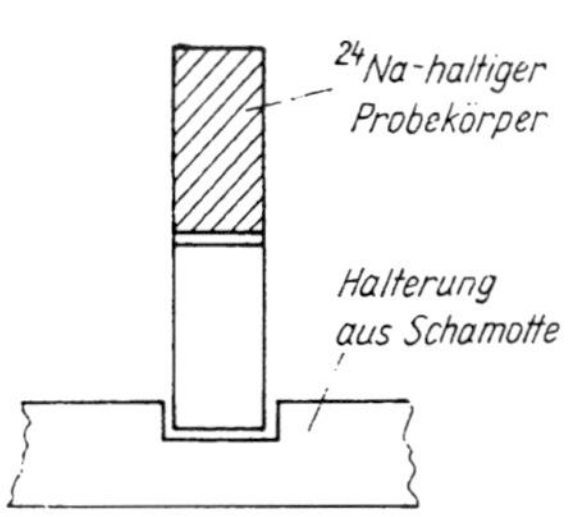

Abb. 5. Kieselglasprobekörper vorbereitet für die Diffusion

Das Temperaturverteilungsprofil des Ofens war vorher aufgenommen worden. Die Temperaturkontrolle erfolgte mittels Thermoelement unmittelbar neben den Probekörpern. Nach dem Abkühlen (Einfrieren des erreichten Diffusionszustandes) wurden die Na^+-Fänger in einer Form aus Aluminiumfolie mit Epoxidharz (EGK 19, Härter 3, VEB Leunawerke) vergossen und nach dem Aushärten senkrecht zur Diffusionsrichtung gleichmäßig von beiden Seiten auf etwa 1 mm Stärke abgeschliffen und autoradiographiert (Makroautoradiographiefilm AF 3, VEB Fotochemisches Kombinat Wolfen) (Abb. 6–8). Die Expositionszeit richtete sich nach der gemessenen Zählrate.

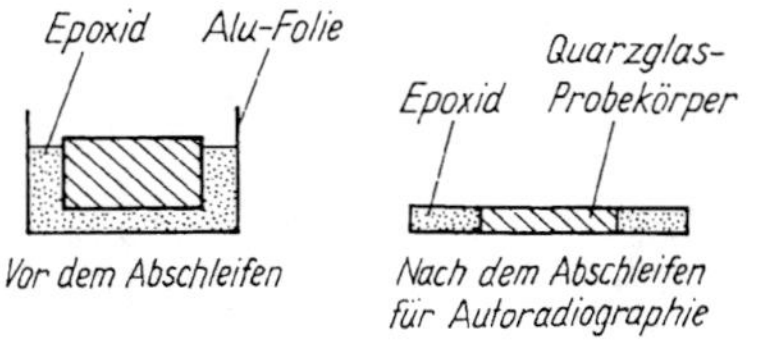

Abb. 6. Kieselglasprobekörper nach der Diffusion, vorbereitet für die Autoradiographie

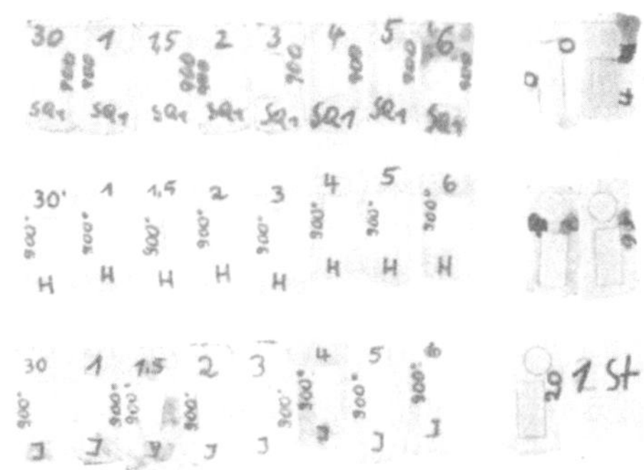

Abb. 7. Probekörper für die Autoradiographie

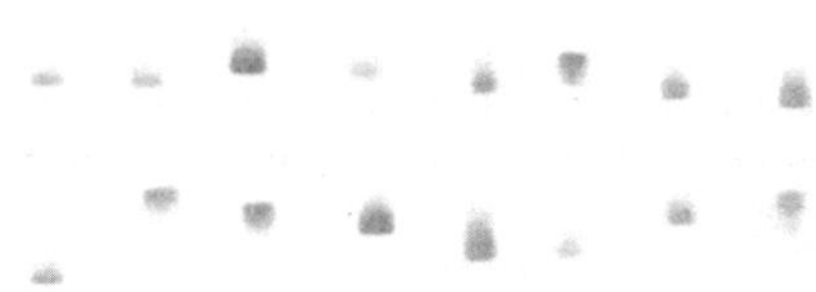

Abb. 8. Autoradiogramm einer Diffusionsserie

Die Messung der Schwärzungsverteilung erfolgte mittels eines automatisierten photometrischen Meßplatzes MWEA G II/3518 [27] (Abb. 9). Der Meßpunktabstand betrug 0,1 mm ($\hat{=}$ 150–200 Meßpunkte/Kurve). Die der Na^+-Verteilung äquivalente Darstellung der Schwärzungskurven erfolgte über einen rechnergesteuerten Plotter (EDVA BESM 6). Dabei wurde wegen der Übersichtlichkeit und einfacheren Darstellung (Abb. 10, Kurvenschar) der Maximalschwärzungswert der Homogendiffusion (Volumendiffusion) auf $S_{max} = 1$ normiert.

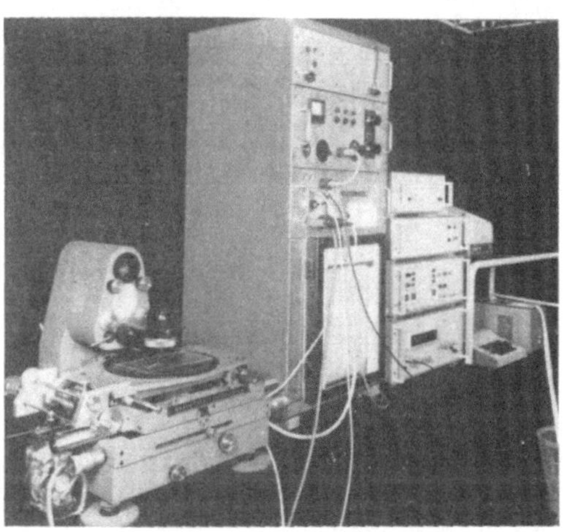

Abb. 9. Automatisierter photometrischer Meßplatz MWEA GII/3518

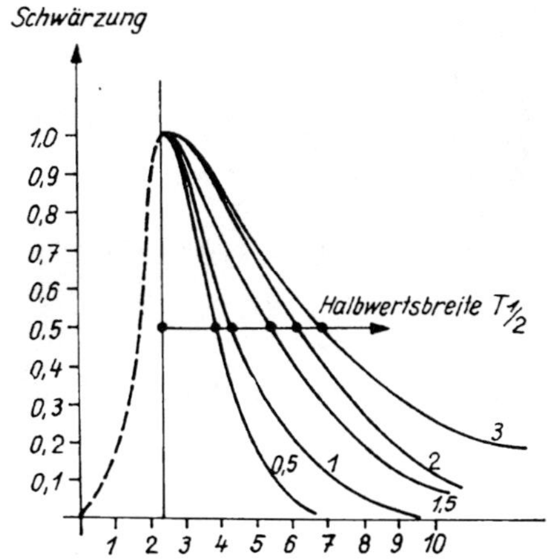

Abb. 10. $^{24}Na^+$-Diffusionsprofile dargestellt in Schwärzungskurven

Bitte beachten: Statt $T^1/_2$ lies $x^1/_2$

4. Auswertung und Ergebnisse der Diffusionsmessungen:

Die Auswertung der Schwärzungskurven wurde unter Annahme der Gültigkeit des 2. *Fick*schen Diffusionsgesetzes durchgeführt.

$$\frac{\partial c}{\partial t} = D \cdot \frac{\partial^2 c}{\partial t^2} \tag{1}$$

Zu dieser allgemeinen Differentialgleichung 2. Ordnung wird die partikuläre Lösung unter den speziellen experimentellen Randbedingungen gesucht. Dazu wurde die modifizierte Form des 2. *Fick*schen Diffusionsgesetzes gewählt.

$$c = \frac{S}{2\sqrt{\pi \cdot D \cdot t}} \cdot \exp\left(\frac{x^2}{4Dt}\right) \tag{2}$$

mit

$$S = \int_{-\infty}^{+\infty} c\,dx = \text{gesamte diff. Stoffmenge} \tag{3}$$

Die umfangreiche Ableitung der Lösung für den eindimensionalen Fall unter dem Aspekt der Schwärzungsmessung ist in der Literatur zu finden [28–31] und soll daher an dieser Stelle nicht aufgeführt werden. Sie lautet

$$D = 1.1 \frac{(x_{1/2})^2}{t} \tag{4}$$

mit t = Diffusionszeit; $x_{1/2}$ = Halbwertsbreite

$x_{1/2}$, die sogenannte Halbwertsbreite, ist ein charakteristischer Punkt in der Na^+-Konzentrationsverteilungskurve, dem Diffusionsprofil (siehe Abb. 10). Tab. 1 zeigt alle mittleren D-Werte für die einzelnen Temperaturen. Die $\bar{D}$-Werte wurden aus den D-Einzelwerten nach

$$\bar{D} = \frac{1}{n} \sum_{i=1}^{n} D_i \tag{5}$$

n = Anzahl der Meßwerte

berechnet. Zur Bestimmung der D-Einzelwerte wurden bei den entsprechenden Temperaturen Temperzeiten von 30 min bis 6 h in 30 min und 1 h-Abständen vorgegeben. Die hinter den D-Werten in Tab. 1 in Klammern gesetzten Zahlen geben die Anzahl der zur Berechnung verwendeten D-Einzelwerte an. Die Fehlerangabe erfolgt als mittlerer statistischer Fehler des Mittelwertes. Die Temperaturabhängigkeit der Diffusionskoeffizienten im *Arrhenius*-Diagramm $\lg D = f(1/T)$ zeigen Abb. 11 und Abb. 12. In Tab. 2 sind die berechneten Diffusionsdaten zusammengestellt worden. Alle Berechnungen erfolgten mit einer programmierbaren Tischrechenmaschine vom Typ „*Hewlett-Packard*-calculator HP 9100 A" mit Bibliotheksprogramm.

Tab. 1. Zusammenstellung der gemessenen Na^+-Diffusionskoeffizienten, Mittelwerte ($\bar{D} \cdot 10^{-6}$) cm²/s

1. Ilmenauer Kieselglas

Temperatur °C	Normalbedingungen					Diffusion im Gamma-Feld				
	Homogen		Inhomogen		Φ_{max}	Homogen		Inhomogen		Φ_{max}
800	1,5 ± 0,3	(15)	1,4 ± 0,17	(12)	2,29	2,43 ± 0,2	(7)	2,15 ± 0,85	(5)	2,38
900	2,42 ± 0,2	(6)	1,82 ± 0,09	(3)	1,94	4,49 ± 0,47	(7)	5,26	(2)	2,12
1000	7,20 ± 0,43	(26)	6,01 ± 0,53	(10)	3,32	6,67 ± 0,60	(6)	6,74 ± 0,94	(4)	2,86
1100	12,49 ± 1,73	(6)	12,23 ± 2,12	(3)	6,19	16,17 ± 1,35	(7)	15,06 ± 0,97	(4)	2,56
1200	23,01 ± 1,28	(25)	22,44 ± 1,25	(22)	3,19	22,41 ± 2,79	(6)	20,35 ± 2,15	(6)	2,15
1300	24,25 ± 4,44	(5)	24,11 ± 6,22	(3)	2,67	25,85 ± 3,17	(6)	30,49	(2)	–
1400	26,62 ± 1,44	(11)	18,41 ± 2,09	(8)	2,26	–		–		–

2. Herasil Kieselglas

Temperatur	Normalbedingungen		Gamma-Feld	
800	3,33 ± 0,16	(12)	3,47 ± 0,30	(7)
900	7,21 ± 0,43	(8)	8,79 ± 0,30	(7)
1000	11,01 ± 0,5	(23)	11,54 ± 0,88	(7)
1100	17,69 ± 3,44	(8)	24,05 ± 1,42	(7)
1200	25,44 ± 1,7	(11)	29,77 ± 2,69	(6)
1300	38,51 ± 2,5	(8)	48,89 ± 9,61	(6)
1400	37,73 ± 5,52	(7)	–	

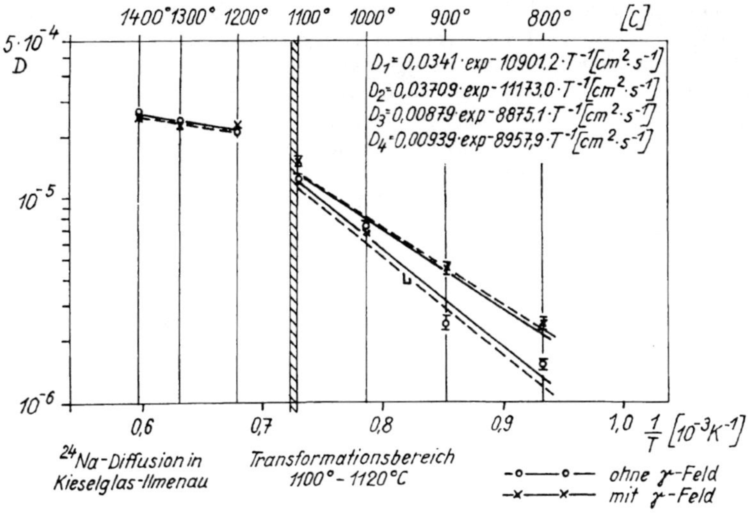

Abb. 11. *Arrhenius*-Diagramm, Ilmenauer Kieselglas lg $D = f(1/T)$

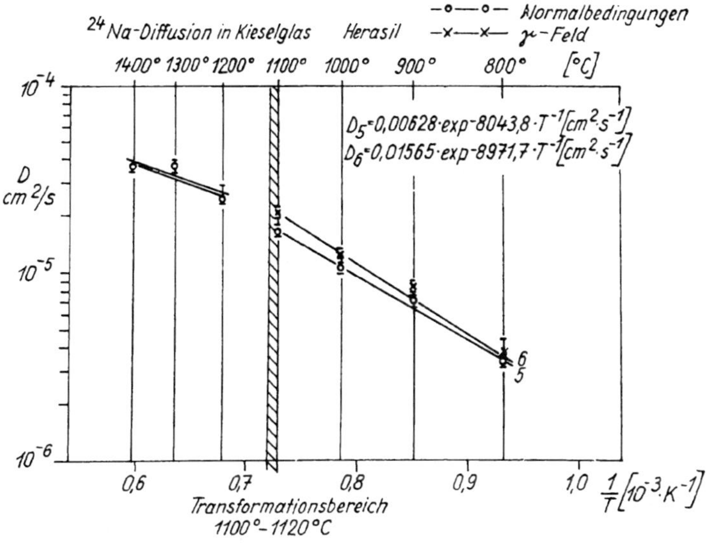

Abb. 12. *Arrhenius*-Diagramm, Herasil-Kieselglas lg $D = f(1/T)$

Tab. 2. Zusammenstellung berechneter Diffusionsdaten, $R \sim 2$ cal/mol °C

Nr.	Kieselglas-Sorte	Art der Diffusion	Temperaturbereich °C	Frequenzfaktor D_0, cm²/s	Aktivierungsenergie kcal/mol	Regressions-koeffizient
1	Ilmenau	homogen	800—1100	$3{,}41 \cdot 10^{-2}$	21,8 ± 2,86	0,9831
2	Ilmenau	inhomogen	800—1100	$3{,}71 \cdot 10^{-2}$	22,34 ± 4,44	0,9630
3	Ilmenau	homogen, Gammafeld	800—1100	$8{,}20 \cdot 10^{-3}$	17,65 ± 2,62	0,9790
4	Ilmenau	inhomogen, Gammafeld	800—1100	$9{,}41 \cdot 10^{-3}$	17,92 ± 2,50	0,9810
5	Ilmenau	homogen	1200—1400	$7{,}67 \cdot 10^{-5}$	3,57 ± 0,70	0,9812
6	Ilmenau	inhomogen	1200—1400	$6{,}95 \cdot 10^{-5}$	3,33	—
7	Ilmenau	homogen, Gammafeld	1200—1300	$2{,}11 \cdot 10^{-4}$	6,62	—
8	Ilmenau	inhomogen, Gammafeld	1200—1300	$1{,}16 \cdot 10^{-2}$	18,7	—
9	Herasil	homogen	800—1100	$6{,}28 \cdot 10^{-3}$	16,09 ± 0,97	0,9964
10	Herasil	homogen	1200—1400	$7{,}89 \cdot 10^{-4}$	9,92 ± 5,97	0,8567
11	Herasil	homogen, Gammafeld	800—1100	$1{,}56 \cdot 10^{-3}$	17,93 ± 2,30	0,9846
12	Herasil	homogen, Gammafeld	1200—1300	$7{,}20 \cdot 10^{-2}$	22,96	—

Die gezeichneten *Arrhenius*-Geraden wurden aus den experimentellen *D*-Werten nach der *Gauß*schen Methode der kleinsten Fehlerquadrate (lineare Regression) berechnet. Die mittleren Fehler der Mittelwerte sind als Fehlerbalken aufgetragen.

Interessant in Tab. 1 ist ein Vergleich der Ergebnisse beim Ilmenauer Kieselglas technischer Qualität von zwei Proben jeweils der Bereiche homogen und inhomogen bei der gleichen Diffusionstemperatur. Es handelt sich auch bei den erhaltenen Na^+-Diffusionsprofilen in inhomogenen Materialbereichen um *Gauß*sche Halbkurven, d. h., Auswertung und Berechnung der *D*-Koeffizienten sind nach den *Fick*schen Diffusionsgesetzen möglich. Das Ergebnis ist überraschend. Es wurden nahezu die gleichen Diffusionskoeffizienten erhalten, sowohl für die Diffusion im Homogenbereich als auch entlang innerer Oberflächen. Unter dem Begriff „Inhomogenität" soll dabei überwiegend makroskopische Strukturinhomogenität (innere Oberflächen) verstanden werden. Diese zeigt sich neben dem Diffusionsverhalten zumindest auch teilweise in optischen Eigenschaften bei visueller Betrachtung auf dem Lichttisch (Materialdefekte wie Gaseinschlüsse, Schlieren u. ä.). Durch die Störstellen im Inneren diffundiert Na^+ mit praktisch gleicher Geschwindigkeit (fast identischer *D*-Wert) wie im Homogenbereich.

Das Verhältnis der jeweiligen Maximalschwärzungswerte I_{max} ist in Tab. 1 als relativer Diffusionsfluß Φ angegeben. Daraus ist aber ein Unterschied deutlich erkennbar. Bei gleicher Diffusionsgeschwindigkeit ist der Diffusionsfluß (Teilchenzahl, transportierte Na^+-Menge) in den Störstellen etwa 2–6mal größer (Beispiele: 900 °C $\sim$ 2mal; 1000 °C $\sim$ 3,3mal 1100 °C $\sim$ 6mal).

Aus den *Arrhenius*diagrammen Abb. 10 und Abb. 11 ist folgendes erkennbar:

Die Temperaturabhängigkeit der *D*-Werte läßt sich von 800 bis 1400 °C nicht durch eine einzige durchgezogene Gerade, sondern nur durch zwei Geradenabschnitte von 800–1100 °C und von 1200–1400 °C wiedergeben. Dies gilt für alle Diffusionsbedingungen und Glassorten. Die Ursache liegt sicherlich darin, daß Kieselglas bei 1100–1120 °C einen Transformationsbereich aufweist. Ab diesem Transformationsbereich (bzw. der Transformationstemperatur) bilden sich in der Matrixkieselglasphase zunehmend Tröpfchen aus. (Übergang glasiger Festkörper — unterkühlte Flüssigkeit). Oberhalb der Transformationstemperatur tritt bei Gläsern eine innere Strukturwandlung ein, die sich makroskopisch neben der Änderung des Volumens oder mechanischer Größen (Elastizitätsmodul, Viskosität) offensichtlich auch im Diffusionsverhalten zeigt [32]. Beim Vergleich der experimentell gefundenen *D*-Werte für Ilmenauer Kieselglas und Herasil-Kieselglas ergab sich bei den Herasil-Werten eine bessere Anpassung an die *Arrhenius*-Gerade (Regressionskoeffizient bei 800–1100 °C = 0,996 ≙ 99,6%ige Anpassung). Größere Abweichungen weisen meist auf Stückschwankungen hin, die beim technischen Ilmenauer Kieselglas auch tatsächlich vorhanden sind (unterschiedliche Anzahl von Störstellen, Bläschen u. ä.).

Die 800–1100 °C-Werte der Aktivierungsenthalpie H_A $\sim$ 20 kcal/mol und des Frequenzfaktors D_0 stimmen gut mit Literaturwerten von *Frischat* [15, 19] überein. Geringe Unterschiede der beiden untersuchten Glasorten resultieren aus Unterschieden der chemischen Reinheit (der Gehalt an Spurenverunreinigungen wurde neutronenaktivierungsanalytisch ermittelt), der Homogenität, der thermischen Vorgeschichte u. ä.

Die für den Temperaturbereich 1200–1400 °C ermittelten Werte schwanken stark, und müssen aus mehreren Gründen kritisch betrachtet werden. Einmal ist bei so hohen Temperaturen das experimentelle Arbeiten schon sehr schwierig (Weißglut des Ofens), weiterhin vollzieht sich der Übergang zur hochviskosen Schmelze, was sich im Diffusionsverhalten durch die geringere Reproduzierbarkeit der *D*-Werte äußert. Dabei ist auch anzunehmen, daß die Diffusion schon zunehmend von anderen Transportmechanismen, wie der thermischen Konvektion, dem viskosen Fließen u. ä. überlagert wird. Im Diffusionsverhalten unterscheidet sich SQ_1 (Kieselglas vom Typ III) [32] deutlich von den anderen Kieselgläsern. Autoradiographische Untersuchungen zeigen, daß bei gleicher Temperzeit nur geringe Na^+-Anteile in das Probeninnere diffundiert waren (Abb. 1c). Auffallend ist beim SQ_1 der hohe Anteil an Oberflächendiffusion. Die Diffusionsgeschwindigkeit der Volumendiffusion ist, wie auch schon *Frischat* [19] bei niedrigeren Temperaturen beim Infrasil (ebenfalls Typ III) feststellte, viel kleiner als bei den untersuchten Kieselgläsern vom Typ I, und zwar so gering, daß nach der angewendeten Untersuchungsmethode keine quantitativen Werte erhalten wurden (zunehmende Na^+-Verdampfungsgeschwindigkeit bei $t > 1000$ °C). Aus den geringen Diffusionsprofilen an den Phasengrenzflächen konnte abgeschätzt werden, daß der *D*-Koeffizient zwischen 800 und 1400 °C etwa um den Faktor 10^{-2} ... 10^{-3} niedriger ist.

Bei den vorliegenden Diffusionsuntersuchungen wurde auch geprüft, ob sich im Kieselglas durch Gammabestrahlung induzierte Strukturänderungen auf das Diffusionsverhalten auswirken (^{60}Co-Quelle, 35 krad/h). Treten Gammaquanten mit

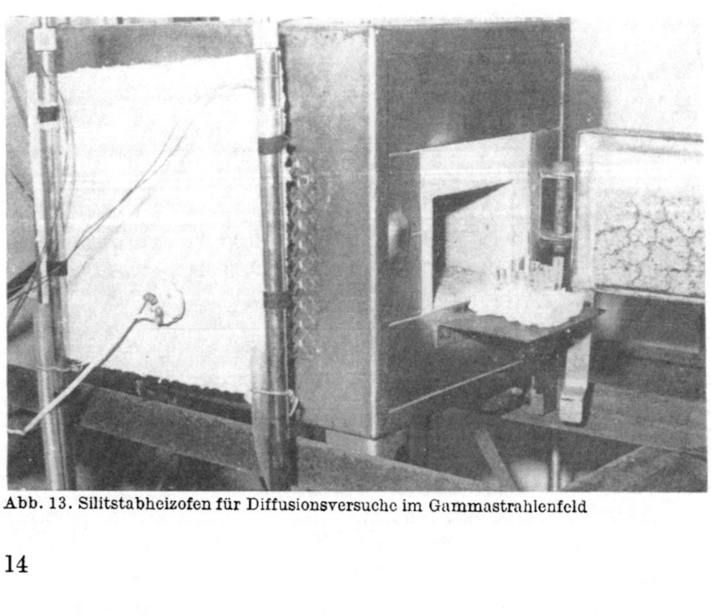

Abb. 13. Silitstabheizofen für Diffusionsversuche im Gammastrahlenfeld

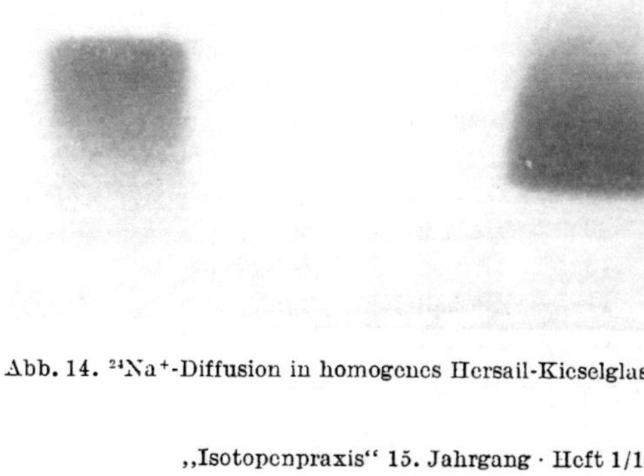

Abb. 14. $^{24}Na^+$-Diffusion in homogenes Hersail-Kieselglas

Abb. 15. $^{24}Na^+$-Diffusion in inhomogenes Kieselglas (Ilmenau)

Abb. 16. Inhomogene $^{24}Na^+$-Verteilung
a) in der Diffusionsrichtung; b) senkrecht dazu (Glasstab ∅ 10 mm)

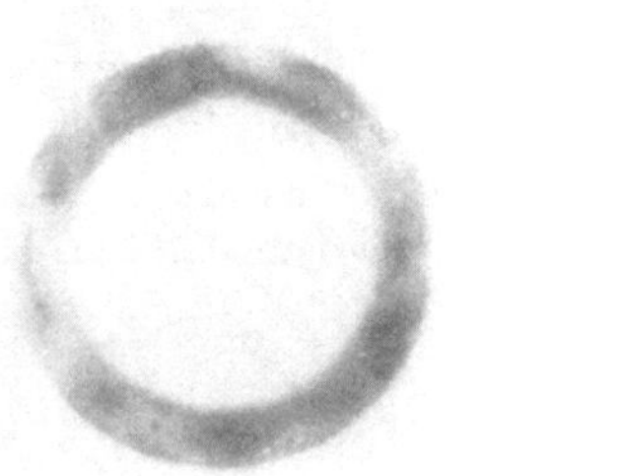

Abb. 17. $^{24}Na^+$-Diffusion durch die Wandung einer Kieselglasampulle

Hüllenelektronen in Wechselwirkung, so werden Elektronen freigesetzt (Photo- oder *Compton*elektronen, Paarbildung ist im Energiebereich von 1,17 und 1,33 MeV der ^{60}Co-Strahlung nicht zu erwarten), die einen sogenannten inneren Elektronenbeschuß der Targets ausführen. Da es sich um einen Zweistufenprozeß handelt, sind die eingestrahlten Photonen insgesamt weniger wirksam als der direkte Elektronenbeschuß. Vorteilhaft ist dagegen, daß die Durchdringungsfähigkeit von Gammaquanten sehr viel größer ist als von Elektronen. Dadurch wird eine homogene Bestrahlung der massiven Kieselglasproben möglich. Abb. 13 zeigt die Versuchsanordnung für die Diffusion im Gammastrahlenfeld. In den senkrecht angeordneten Stahlrohren befanden sich die pneumatisch transportierbaren Strahlenquellen in Doppelmantelkapseln. Nach der Literatur [33] kann die Wirkung energiereicher Gammastrahlung bei der Diffusion unterschiedlich sein. Die Diffusion kann entweder durch Erzeugung von Leerstellen (im Extremfall von Leerstellenbereichen, displacement-spikes) erhöht werden, es ist aber auch denkbar, daß Fremdatome wie das Na^+ durch strahlenerzeugende Defekte (negative Vakanzstellen) eingefangen werden, wodurch ihre Beweglichkeit abnimmt. Im letzteren Fall verzögert die Gammastrahlung die Diffusion. Beim metastabilen Kieselglas ist infolge Energiezufuhr durch Bestrahlung noch partielle Rekristallisation zu einer stabilen SiO_2-Modifikation zu erwarten, wodurch sich ebenfalls das Diffusionsverhalten ändert. Durchgeführte *Laue*-Aufnahmen von bestrahlten Gläsern (bis max. 1 Mrad) bestätigen allerdings letztere Annahme nicht. Es zeigten sich in keinem Fall irgendwelche Reflexionsmaxima, d. h., eine innere Kristallbildung infolge Gammabestrahlung war im untersuchten Bereich nicht nachweisbar. Beim Vergleich der *D*-Koeffizienten der Normaldiffusion mit den Werten der Diffusion im Gammastrahlenfeld (Tab. 1 und Abb. 11 und 12) ist deutlich erkennbar, daß die Diffusionsgeschwindigkeit bei der Bestrahlung erhöht wird. Ergänzende Messungen zur Klärung des Diffusionsmechanismus erfolgten neben den *Laue*-Aufnahmen durch die IR- und EPR-Spektroskopie von bestrahlten und unbestrahlten Gläsern.

Wir bedanken uns bei Herrn Professor *Koch* für sein förderndes Interesse und seine Unterstützung bei der Anfertigung dieser Arbeit.

Für ihre wertvolle Hilfe bei der Durchführung experimenteller Arbeiten danken wir Frau *Jutta Fröhlich*, sowie für die Anfertigung der Autoradiogramme und die Unterstützung bei der Auswertung derselben Herrn Dr. *K. Freyer*, Herrn Dr. *Ch. Treutler* und Frau *S. Bachmann*.

Eingegangen am 21. 7. 1978

Literatur

[1] *G. H. Frischat*, Glastechn. Ber. **45** (1972) 7, 309
[2] *G. H. Frischat*, Glastechn. Ber. **43** (1970) 482
[3] *G. H. Frischat*, Z. angew. Phys. **25** (1968) 163
[4] *G. H. Frischat*, Z. angew. Phys. **28** (1970) 193; **25** (1968) 163
[5] *G. H. Frischat*, Phys. stat. solidi **35** (1969) K 47
[6] *G. H. Frischat*, Ber. Dt. Keram. Ges. **47** (1970) 238
[7] *G. H. Frischat*, Ber. Dt. Keram. Ges. **47** (1970) 313
[8] *G. H. Frischat*, Ber. Dt. Keram. Ges. **47** (1970) 635
[9] *G. H. Frischat*, J. Amer. Ceram. Soc. **53** (1970) 357
[10] *G. H. Frischat*, *H. J. Oel*, Z. angew. Phys. **20** (1966) 195
[11] *G. H. Frischat*, Votrag 42, Galstechn. Tagung 13.–16. 5. 1968 Würzburg, Zit. in Glastechn. Ber. **41** (1968) 175
[12] *G. H. Frischat*, Cent. Glass Ceram. Res. Inst. Bull **22** (1975) 2/3, 129–131, CA 85 (1976) 9526
[13] *G. H. Frischat*, Glastechn. Ber. **42** (1969) 216; Vortrag 43. Glastechn. Tagung 27.–30. Mai 1969 in Hannover
[14] *G. H. Frischat*, Phys. Verh. **19** (1968) Nr. 2, S. 90, zit. in Glastechn. Ber. **42** (1969) 15
[15] *G. H. Frischat*, Ionic diffusion in oxide glasses. Reihe: Diffusion and Defect Monograph Series. Hsg. *Y. Adda* u. a., Clausthal: Trans Tech. Publications. 1975 S. 200
[16] *G. H. Frischat*, Transportvorgänge in glasigen und kristallinen Silicaten, Dissertation Würzburg 1965, in: Zeitschr. angew. Phys. **20** (1966) 3, S. 1
[17] *G. H. Frischat*, Diffusion and defect monograph. series 3/4 Ohio: Trans. Techn. Publ. 1975, 181
[18] *G. H. Frischat*, Naturwiss. **54** (1964) 561
[19] *G. H. Frischat*, J. Amer. Ceram. Soc. **51** (1968) 528
[20] *G. H. Frischat*, Glastechn. Ber. **42** (1969) 351
[21] *G. H. Frischat*, J. Amer. ceram. Soc. **52** (1969) 625
[22] *G. H. Frischat*, Phys. chem. glasses **11** (1970) 25
[23] *G. H. Frischat*, Glastechn. Ber. **43** (1970) 174
[24] *G. H. Frischat*, Glas-Email-Keramotechn. **22** (1971) 275
[25] *G. H. Frischat*, Angew. Chem. **86** (1974) 428
[26] *J. Fränz*, *W. Langheinrich*, Telefunken-Zeitung **39** (1966) 359 u. 339
[27] *H. Baumbach*, *K. Freyer*, *G. Kummer*, *W. Birkholz*, Isotopenpraxis **12** (1976) 81 u. 145
[28] *J. Crank*, The mathematic of diffusion, London 1956
[29] *W. Jost*, *K. Hauffe*, Diffusion, Methoden d. Messung und Auswertung, 2. Auflage, D. Steinkopff-Verlag, Darmstadt 1973
[30] *G. Hartmann*, *K. Freyer*, Isotopenpraxis **2** (1966) 205
[31] *G. Hartmann*, *K. Freyer*, Isotopenpraxis **1** (1966) 229
[32] *R. Brückner*, J. non-crist. sol. **5** (1970/71) 123 u. 177
[33] *M. Schenk*, Diff. bei Strahleneinwirkung, in Tagungsberichte Diff. in metall. Werkst., VEB Deutscher Verlag für Grundstoffind., Leipzig 1970

Untersuchungen zur Matrixabhängigkeit der Photolysegeschwindigkeit von ^{14}C-markiertem Bis-(tributylzinn)-oxid

D. Klötzer

(Zentralinstititut f. Kernforschung Rossendorf, Bereich 3)[1])

Es werden Untersuchungen zur Abhängigkeit des Photoabbaus des ^{14}C-markierten Biocids Bis-(tributylzinn)-oxid von anorganischen und organischen Trägersystemen beschrieben. Während anorganische Adsorbentien wie Aluminiumoxid oder Magnesiumsilikat den UV-induzierten Abbau von Bis-(tributylzinn)-oxid-(butyl-1-^{14}C) nicht beeinflussen, wirken Poly- und Monosaccharide beschleunigend. Die durch photochemischen Abbau der Poly- oder Monosaccharide (Cellulose, Stärke, Glucose, Galaktose oder Fructose) erzeugten Spezies greifen in den Photolyseprozeß der ^{14}C-markierten Organozinnverbindung ein und bestimmen die Größe der Abbaugeschwindigkeit. Vermindert man durch einen Aluminiumoxidgradienten in der Cellulose die Zahl der in der Matrix gebildeten Spezies, so erniedrigt man auch die Photolysegeschwindigkeit des Tributylzinnbiocids.

Übersichtsarbeiten von *G. J. M. van der Kerk* [1], *A. Bokranz* und *H. Plum* [2], *P.* und *L. Smith* [3] sowie *U. Thust* et. al. [4] über den Stand der Anwendung von Organozinnverbindungen unterstreichen u. a. die bedeutende Rolle, die Tributylzinnbiocide beim Schutz cellulosehaltiger Materialien vor dem zerstörenden Angriff diverser Mirkoorganismen (Pilze, Insekten, Bakterien u. a.) besitzen. Man begegnet heute dem System Tributylzinnbiocid/Cellulose im Holzschutz [5], bei der Schleimbekämpfung in der Papierindustrie, bei der Entgiftung organozinnhaltiger Abwässer [6] und bei der Desinfektion von Krankenhaus- und Hotelwäsche [7]. Man benutzt dabei neben den vorzüglichen bioziden Eigenschaften auch die gute Fixierbarkeit vor allem von Tributylzinnoxid auf Cellulose und die äußerst geringfügige Auslaugbarkeit durch Wasser. Nach *B. A. Richardson* [8] könnte die biocide Wirkung auf der chemischen Blockierung der angreifbaren Hydroxylgruppen in der terminalen 1- bis 4-Position der Cellulosekette durch Bu_3Sn-Einheiten beruhen. *A. G. Beaumont* und *C. A. Mackay* [9] stellten fest, daß es zwischen Tributylzinnoxid und Glucose bei Umgebungstemperatur in Cyclohexan zu keiner Reaktion in Richtung eines pentakoordinierten Zinnkomplexes kommt und erwogen deshalb eher die Möglichkeit der Bildung einer Wasserstoffbrücke zwischen endständigen Hydroxylgruppen der Cellulose und dem Sauerstoffatom des Tributylzinnoxids.

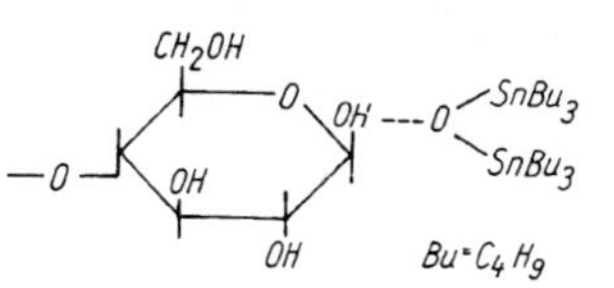

$Bu = C_4H_9$

A. I. Williams [10] entwickelte eine Methode zur Bestimmung des Tributylzinnoxid- und des Dibutylzinnoxidgehaltes in Holz auf Basis von Atomabsorptionsspektrographie und Polarographie. Es konnte somit nachgewiesen werden, daß unter Umständen ein Abbau des Biocids zu biologisch wenig aktivem Dibutylzinnoxid stattfindet. Vor kurzem wurde berichtet [11], daß durch Einwirkung von UV-Licht ein beschleunigter Abbau des an Cellulose gekoppelten Bis-(tributylzinn)-oxids — auch als Hexabutyldistannoxan, Tributylzinnoxid oder TBTO bekannt — stattfindet, der nicht im Sinne einer Disproportionierung

$$Bu_3SnOSnBu_3 \rightarrow Bu_4Sn + Bu_2SnO \qquad (Bu = C_4H_9)$$

verläuft und daher durch Zusatz von Stabilisatoren, die erprobterweise eine solche Reaktion hemmen, auch nicht inhibiert werden kann.

Die vorliegende Arbeit befaßt sich mit dem Einfluß des Adsorptionsmaterialsauf den UV-induzierten Abbau des Tributylzinnbiocids.

Experimentelles

Es wurde mit Bis-(tributylzinn)-oxid-(butyl-1-^{14}C) im Aktivitätsniveau von 0,6 mCi/mmol gearbeitet. Diese Substanz — in Benzol gelöst — wurde stets in gleichen Aktivitätsmengen auf Dünnschichtplatten (150 mm × 50 mm) aufgetragen, die in Auftrage- und Trennzone unterschiedlich beschichtet waren [11]. Die Trennzonenschicht bestand immer aus Aluminiumoxid — neutral (Fa. Woelm). Für die Auftrage- und damit Bestrahlungszone wurden folgende Adsorbentien oder Kombinationen verwendet:

Aluminiumoxid — neutral	(Woelm)
Magnesiumsilikat	(Woelm)
Cellulose MN 300	(Macherey und Nagel)
Aluminiumoxid/Cellulose	Masseverhältnis 10:1
Aluminiumoxid/Cellulose	Masseverhältnis 5:1
Aluminiumoxid/Cellulose	Masseverhältnis 1:1
Aluminiumoxid/Cellulose	Masseverhältnis 1:5
Aluminiumoxid/Cellulose	Masseverhältnis 1:10
Aluminiumoxid/Stärke	Masseverhältnis 1:1
Aluminiumoxied/Glucose	Masseverhältnis 1:1
Aluminiumoxid/Galaktose	Masseverhältnis 1:1
Aluminiumoxid/Fructose	Masseverhältnis 1:1

Für die Versuchsserien mit Stärke, Glucose, Galaktose und Fructose war eine Mischung mit Aluminiumoxid unbedingt erforderlich, um gut haftende, stabile Schichten auf der DC-Platte, zu erhalten. Die so vorbereiteten DC-Platten wurden nach dem Auftragen des ^{14}C-markierten Tributylzinnbiocids, wie bereits beschrieben [11], bei 45 °C mit der Xenon-Höchstdrucklampe XL 150 bestrahlt. In einigen Fällen wurden außerdem Bestrahlungsserien mit Hilfe einer wassergekühlten Quecksilberhochdrucklampe vom Typ UVS 125 (VEB Narva) durchgeführt, deren emittiertes Linienspektrum [12] mit mittlerer Intensität bis 254 nm reicht. Die Bestrahlungsintensität in der Probenposition wurde mit einem UV-Dosimeter (Typ BLAK-RAY®)

[1]) Anschrift: 8051 Dresden, Postfach 19

gemessen. Von jedem System liefen bei gleichen Bestrahlungsbedingungen parallele Versuchsserien, so daß durch Radiodünnschichtchromatographie [11, 13] der verbliebene Biocidgehalt und mit Hilfe einer kombinierten Verbrennungsanalyse (Kobalt-Kontakt) mit nachgeschalteter Flüssigkeitsszintillationsmessung [14] der durch die UV-Bestrahlung verursachte Verlust an Radioaktivität bestimmt werden konnte. Das bei der Verbrennung entstehende $^{14}CO_2$ wird in einer 2 m Lösung von Äthanolamin in Methylglykol absorbiert und nach Zugabe von flüssigem Szintillator im Flüssigkeitsszintillationsspektrometer, Typ LS 233 (Fa. Beckman), gemessen.

Ergebnisse

Die Versuchsserien zeigten, daß bei gleichen Bestrahlungsbedingungen eine Abhängigkeit der Photolysegeschwindigkeit des ^{14}C-markierten Tributylzinnbiocids von der Art und Zusammensetzung der Matrix zu beobachten ist, auf der der Wirkstoff appliziert wurde. Während sich anorganische Materialien wie Aluminiumoxid oder Magnesiumsilikat fast inert verhalten, beschleunigt Cellulose den UV-induzierten Abbau des untersuchten Biocids im bereits beschriebenen Maße [11]. Ein Aluminiumoxid-Gradient in der Cellulose erniedrigt deutlich die Geschwindigkeit des UV-induzierten Abbaus von Bis-(tributylzinn)-oxid-(butyl-1-^{14}C) (Abb. 1, 2). Aus diesen Ergebnissen darf man folgern, daß sich in cellulosehaltigen Systemen bei Einwirkung von UV-Strahlung chemische Reaktionen abspielen, an denen sowohl die Photolyseprodukte der Cellulose [15] — vor allem Wasserstoff — als auch die des Bis-(tributylzinn)-oxids-(butyl-1-^{14}C) beteiligt sind. Mit Hilfe radiogaschromatographischer Untersuchungen wurden als flüchtige Abbauprodukte des Systems Bis-(tributylzinn)-oxid-(butyl-1-^{14})/Cellulose die Alkane n-Butan-^{14}C und n-Octan-^{14}C identifiziert [16].

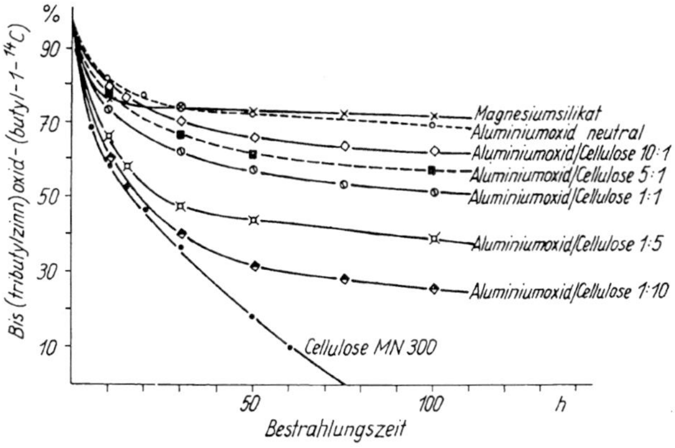

Abb. 1. UV-induzierter Abbau von Bis-(tributylzinn)-oxid-(butyl-1-^{14}C) nach Kopplung an Aluminiumoxid/Cellulose-Kombinationen mit unterschiedlichen Masseverhältnissen

Bestrahlungsbedingungen: Xenon-Höchstdrucklampe; 6 mW/cm² Bestrahlungsintensität; 45 °C, Luftatmosphäre

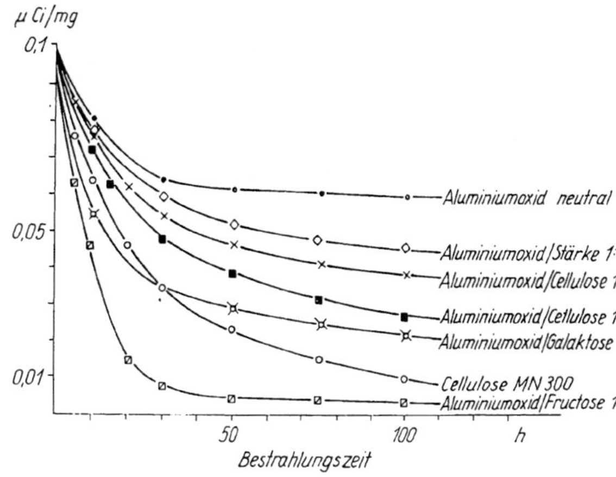

Abb. 2. Radioaktivitätsverlust, bestimmt durch Verbrennungsanalyse mit nachfolgender Radioaktivitätsmessung

Bestrahlungsbedingungen: Xenon-Höchstdrucklampe; 6 mW/cm² Bestrahlungsintensität; 45 °C, Luftatmosphäre

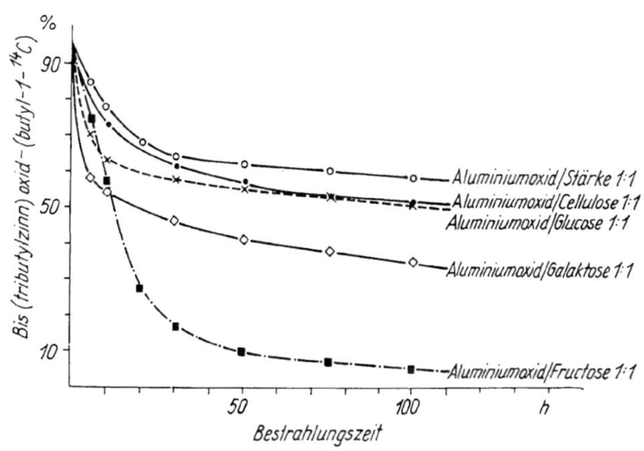

Abb. 3. UV-induzierter Abbau von Bis(tributylzinn)-oxid-(butyl-1-^{14}C) nach Kopplung an unterschiedliche Mono- oder Polysaccharid/Aluminiumoxid-Kombinationen

Bestrahlungsbedingungen: Xenon-Höchstdrucklampe; 6 mW/cm² Bestrahlungsintensität; 45 °C, Luftatmospnäre

Bestrahlt man anstelle der β-glucosidisch verknüpften Cellulose das mit Bis-(tributylzinn)-oxid-(butyl-1-^{14}C) imprägnierte α-glucosidische Polysaccharid Stärke (mit Aluminiumoxid gemischt), so beobachtet man bezüglich der Abbaugeschwindigkeit des Tributylzinnbiocids keine wesentlichen Unterschiede zur analogen Cellulosekombination (Abb. 3). Koppelt man Bis-(tributylzinn)-oxid-(butyl-1-^{14}C) an die Grundeinheit beider Polysaccharide — an das Monosaccharid Glucose (mit Aluminiumoxid im Masseverhältnis 1:1 gemischt) — so beobachtet man bei UV-Bestrahlung unter vergleichbaren Bedingungen auch hier annähernd die gleiche Photolysegeschwindigkeit (Abb. 3). Man darf daraus schlußfolgern, daß der UV-induzierte Abbau der Glucoseeinheiten und die dadurch primär erzeugten Spezies den wichtigsten Beitrag zur beschleunigten Photolyse des Tributylzinnbiocids liefern, während die Art der Verknüpfung der Glucoseeinheiten in Polysacchariden und die sich infolge der Kettenspaltung durch UV-Bestrahlung ergebenden polysaccharidischen Radikaltypen nur zweitrangig die Photolysegeschwindigkeit der untersuchten Organozinnverbindung zu beeinflussen scheinen.

Verändert man das Spektrum des auf die Bestrahlungsproben einwirkenden UV-Lichts nach kurzwelligeren Bereichen, so erhöht sich die Abbaugeschwindigkeit trotz gleicher Bestrahlungsintensität enorm (Abb. 4). *N.-S. Hon* gibt die obere Grenze des auf Cellulose photolytisch wirksamen UV-Bereiches bei 340 nm an.

Zusammenfassung

Die Zusammensetzung der Matrix, die das Tributylzinnbiocids trägt, ist entscheidend für die Größe der Photolysegeschwindigkeit von Bis-(tributylzinn)-oxid. Während anorganische Ad-

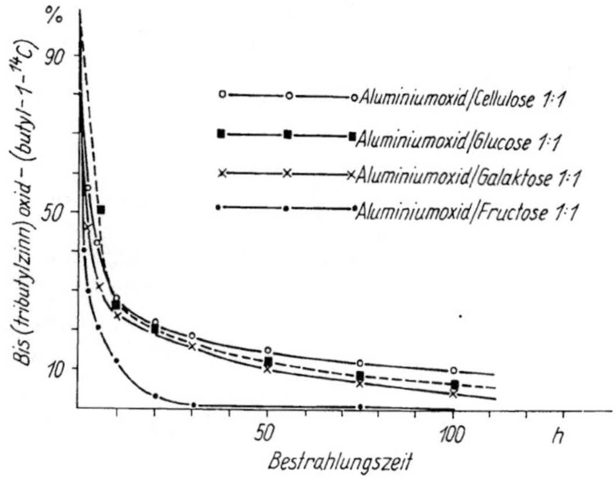

Abb. 4. UV-induzierter Abbau von Bis-(tributylzinn)-oxid-(butyl-1-^{14}C) nach Kopplung an unterschiedliche Mono- oder Polysaccharid/Aluminiumoxid-Kombinationen

Bestrahlungsbedingungen: Quecksilberhochdrucklampe; 6 mW/cm² Bestrahlungsintensität; 45 °C, Luftatmosphäre

sorbentien den UV-induzierten Abbau von Bis-(tributylzinn)-oxid kaum beeinflussen, beschleunigen Poly- und Monosaccharide die Abbaugeschwindigkeit wesentlich. Von erstrangiger Bedeutung für den UV-induzierten Abbau der Organozinnverbindung im System Bis-(tributylzinn)-oxid/Cellulose scheinen die Photolyse der Glucoseeinheiten bzw. die dabei primär erzeugten Spezies zu sein. So vermindert ein Aluminiumoxidgradient in der Cellulose eindeutig die Abbaugeschwindigkeit des Tributylzinnbiocids, da die Anzahl jener Spezies, die durch Photolyse der Cellulose bzw. Glucoseeinheiten primär gebildet werden und beim UV-induzierten Abbau der Organozinnverbindung wirksam werden können, systematisch kleiner wird. Verändert man dagegen das Spektrum des einwirkenden UV-Lichts bei gleicher Bestrahlungsintensität nach kurzwelligen Bereichen, so beobachtet man eine enorme Beschleunigung der Photolyse von Bis-(tributylzinn)-oxid, da unter diesen Bedingungen nach *N.-S. Hon* [15] wesentlich mehr wirksame Spezies erzeugt werden, die von der Cellulose stammen und den UV-induzierten Abbau des Tributylzinnbiocids beeinflussen können.

Eingegangen am 14. 7. 1978

Literatur

[1] *G. J. M. van der Kerk*, Chemiker-Ztg. 99 (1975) 26
[2] *A. Bokranz, H. Plum*, Mitteilung der Fa. Schering AG, 1975: „Techn. Herstellung und Verwendung von Organozinnverbindungen"
[3] *P. Smith, L. Smith*, Chem. Brit. 11 (1975) 208
[4] *U. Thust, H. Wigert, H.-D. Pfeiffer, H. Schwotzer*, Chem. Techn. 29 (1977) 671
[5] *G. Berger, G. Hoffmann, G. Kerner, D. Klötzer, U. Thust*, Holztechnologie 16 (1975) 135
[6] *U. Thust, K. Trautner*, DWP 75503 vom 20. 8. 1970
[7] *H.-D. Pfeiffer, H. Schwotzer, U. Thust, H. Wigert*, DWP 107848 vom 18. 5. 1973
[8] *B. A. Richardson*, Rec. Brit. Wood Preserv. Ass. Conv. (1970) 37
[9] *A. G. Beaumont, C. A. Mackay*, Int. Pest Control 16 (1974) 8
[10] *A. I. Williams*, Analyst 98 (1973) 233
[11] *D. Klötzer, U. Thust*, Chem. Techn. 28 (1976) 614
[12] VEB Narva: „Hinweise zum Betrieb von Narva-UV-Strahlern"
[13] *D. Klötzer*, Isotopenpraxis 12 (1976) 128
[14] *G. Mende*, Isotopenpraxis 8 (1972) 71
[15] *N.-S. Hon*, J. Polym. Sci., Polym. Chem. Ed. 13 (1975) 1347
[16] *D. Klötzer, H. Görner, K.-H. Heise*, Isotopenpraxis im Druck

Zur Istwertanzeige bei der Dickenmessung mittels RC-Netzwerk

V. Rößiger, M. Braune, H. Blechert

(Zentralinstitut für Isotopen- und Strahlenforschung der AdW der DDR)[1]

Für eine digitale Darstellung des Dickenmeßwertes ist ein spezieller AD-Konverter notwendig, da der Zusammenhang zwischen Signalspannung und Meßgröße nichtlinear ist. Das beschriebene Gerät arbeitet mit einem RC-Netzwerk, dessen Entladevorgang genau den Meßsignal-Dicke-Zusammenhang simuliert. Typische relative Dickenmeßfehler sind $\lesssim 5‰$, die Meßzeit ist $\gtrsim$ 10 ms.

(E 42) INIS DESCRIPTORS:

accuracy; analog-to-digital converters; electronic circuits; readout systems; simulation; thickness gages

1. Einführung

Die Dickenmessung (oder Flächenmassemessung) von bandförmigem Material ist eines der Hauptanwendungsgebiete von Radionukliden in der Industrie. Entsprechende Meßeinrichtungen werden schon seit längerer Zeit routinemäßig in Walzwerken, in der Papierindustrie, aber auch in der Textil- und chemischen Industrie eingesetzt. Es wird entweder die das Meßgut durchdringende oder die vom Meßgut zurückgestreute Strahlung detektiert und weiterverarbeitet.

Die hier dargestellte Methode zur Istwertanzeige beschäftigt sich damit, aus dem Meßsignal y, das als Spannung analog vorliegen soll, die eigentliche Dicke oder Flächenmasse x in digitaler Weise darzustellen.

Die besondere Schwierigkeit besteht darin, daß der Zusammenhang $y = f(x)$ (mit $f(0) = 1$) zwischen diesen beiden Größen nichtlinear ist. Über Bemühungen, ihn überhaupt näherungsweise zu erfassen, ist in [1] berichtet worden.

2. Prinzip des Verfahrens

In einem früheren Bericht [2] wurde gezeigt, daß für alle praktischen Meßfälle die Transmissionsfunktion $y = f(x)$ (für Rückstreumessungen gilt gleiches, wenn es auch im weiteren nicht explizit dargestellt wird) sich hinreichend genau durch die

[1]) Anschrift: 705 Leipzig, Permoserstr. 15

Modellgleichung

$$y = a_0 + \sum_{i=1}^{3} a_i\, e^{-\lambda_i x} \qquad (1)$$

approximieren läßt.

Die Konstanten a_i und λ_i können mit Hilfe des in [1] beschriebenen Simplexprogramms bestimmt werden. Insbesondere ist es auch möglich, stark von der Exponentialfunktion abweichende Verläufe zu fitten, wie sie beispielsweise bei der Verwendung von β-Strahlung oder von polychromatischer Quantenstrahlung auftreten. Typische Fehler des Fits liegen in der Größenordnung von $3^0/_{00}$ für den relativen Dickenfehler $\Delta x/x$.

Wenn es nun gelingt, ein RC-Netzwerk derart aufzubauen, daß seine zeitliche Entladekurve $V(t)$ den Verlauf $y(x)$ simuliert, so braucht man nur die Zeit τ zu messen, die das RC-Netzwerk benötigt, um sich bis auf einen Signalwert $V(x) = y(x) \cdot V(0)$ zu entladen. Diese Zeit ist dann bis auf einen Proportionalitätsfaktor gleich der gesuchten Dicke. Da die Zeitmessung durch das Zählen von äquidistanten Impulsen geschieht, läßt sich mit einer entsprechenden Impulsfolgefrequenz auch die zahlenwertmäßige Übereinstimmung von Dickenwert, z. B. in mm, und angezeigter Impulszahl erreichen.

Das RC-Netzwerk ist schließlich wieder aufzuladen, damit der Meßvorgang zyklisch wiederholt werden kann.

3. Diskussion der Ergebnisse

Über die elektronische Realisierung des Verfahrens ist ausführlich in [3] berichtet worden, hier sollen deshalb nur die wesentlichen Ergebnisse dargestellt werden:

Erstens ist die elektronische Simulation der Modellgleichung (1) durch einen entsprechenden Funktionsgenerator mit einem RC-Netzwerk hinreichend gut. Abweichungen, bezogen auf relative Dicken- bzw. Zeitfehler $\Delta\tau/\tau = \Delta x/x$ betragen ca. $1^0/_{00}$. Der Gesamtmeßfehler wird also dominierend durch den Fehler des Exponentialsummenfits ($\Delta x/x \sim 3^0/_{00}$) bestimmt.

Zweitens ist der Einfluß der elektronischen Schalter unmerklich. Die Unschärfe des Entladebeginns liegt unter 1 µs (FET-Typ KП 302 B).

Drittens lassen sich deshalb Meßzeiten um 10 ms gut realisieren. Ob noch geringere Zeiten ohne Vergrößerung des Meßfehlers möglich sind, z. B. durch Einsatz von Komparatoren mit geringerer Unschärfe (für den Typ A 110 wurde $2 \cdot 10^{-4}$ V gefunden), wurde nicht untersucht. Jedoch müßte eine Meßzeit von 10 ms auch in der nächsten Zukunft ausreichend sein, wenn man bedenkt, daß die kürzesten Zeitkonstanten der Dickenmeßeinrichtungen etwa 50 ms betragen.

Wichtig ist weiter das Problem des Ablgeichs. Hier besitzt die dargestellte Methode den Vorteil, daß sie auf technologisch bedingte typische Deformationen der Transmissionskurve sehr einfach reagiert.

Auf Grund von Stabilitätsbetrachtungen wird in [2] dargelegt, daß ein Abgleich mit zwei Eichnormalen i. allg. ausreichend ist. Darüber hinaus besteht in vielen speziellen Fällen die Möglichkeit, mit einem einzigen Nachabgleich auszukommen.

Der elektronische Aufwand für ein solches Gerät zur Istwertanzeige ist gering, er wird im wesentlichen durch den Impulsgenerator und den notwendigen Zähler bestimmt.

Abschließend seien die wesentlichen Vor- und Nachteile gegenübergestellt. Der Nachteil besteht darin, daß es sich um ein analog arbeitendes Gerät handelt und daß somit der zwar einfache Nachabgleich auch analog ausgeführt werden muß (etwa verändern eines Widerstandes).

Dagegen liegt der Vorteil des Verfahrens in seiner Schnelligkeit bei niedrigem Aufwand, es ist beispielsweise zur Datenproduktion für rechnergesteuerte Anlagen gut denkbar.

Eingegangen am 9. 6. 1978

Literatur

[1] *M. Braune, V. Rößiger,* Isotopenpraxis **14** (1978) 22

[2] *V. Rößiger, M. Braune,* ZfI-Bericht StA Nr. 23, 1977

[3] *V. Rößiger, H. Blechert, M. Braune,* ZfI-Bericht StA Nr. 43, 1977

Effect of the Thyroid Stimulating Hormone on Iodine Uptake by the Thyroid of X-Irradiated Animals

S. Kossakowski

(The Veterinary Research Institute, Puławy, Department of Radiobiology)[1])

The studies were performed on 60 rabbits non-irradiated and irradiated with 400 R or 800 R. All the rabbits were injected i.v. with ^{125}I and then i.m. with the thyroid stimulating hormone (TSH). In irradiated animals these injections were given 24 hours or 5 days after irradiation. Non-irradiated rabbits showed an increased accumulation of iodine in the thyroid, whilst in irradiated animals iodine uptake was lower and depended on radiation dose and time after irradiation.

(C 21; C 14)INIS DESCRIPTORS:

biological localization; dose-response relationships; iodine 125; muscles; rabbits; retention; thyroid; time dependence; TSH; uptake; X radiation

Introduction

The effect of various doses of X-irradiation on thyroid activity was studied using thyroid iodine uptake test which is commonly applied in the diagnosis of thyroid diseases. Also, thyroid stimulation test, in which thyroid activity is enchanced by exogenic thyroid stimulating hormone (TSH), is used for the diagnostic purposes. This test allows to differenciate primary hyperthyroidism from secondary one, and primary hypothyroidism from euthyreosis and to diagnose so-called low thyroid reserve [7, 8].

In radiotoxicology, TSH is recommended to accelerate the excretion of radioactive iodine from the organism and to reduce the retention of the radionuclid in visceral organs, particularly in cases when radioiodine is incorporated into organic compounds [2, 11].

No mention has been found in the available literature of the effect of TSH on iodine uptake by the thyroid of animals irradiated with various doses of ionizing radiation and therefore the following investigations were undertaken.

Experimental

The experiments were performed on 60 rabbits, weighing 3·5(±0·6) kg, fed twice a day according to standards. The rabbits were divided into 4 groups:

I. 10 non-irradiated rabbits (control)
II. 10 non-irradiated rabbits treated with TSH
III. 20 rabbits irradiated with 400 R and treated with TSH
IV. 20 rabbits irradiated with 800 R and treated with TSH

TSH (Ambinon, N.V. Organon Oss Holland) was given in a single dose of 30 u.i. after the injection of radioiodine.

Within groups II and III there were 2 subgroups in which radioiodine was administered 1 or 5 days after irradiation.

Conditions of irradiation, administration of Na ^{125}I, measuring apparatus and time of radioactivity determination in the thyroid and muscles were the same as described in the previous paper [9].

Results

Irradiated rabbits exhibited apathy, depressed activity, reduced appetite and in some cases diarrhea. The intensity of clinical symptoms depended on an irradiation dose.

Mean values of radiation measurements of the thyroid are presented in fig. 1.

In control rabbits (I) the phase of increasing radioactivity was observed up to 8 hours after administration of radio-iodine and the phase of maximum uptake up to 24 hours post injection.

[1]) Adress: Partyzantów 57, 24 – 100 Puławy, Poland

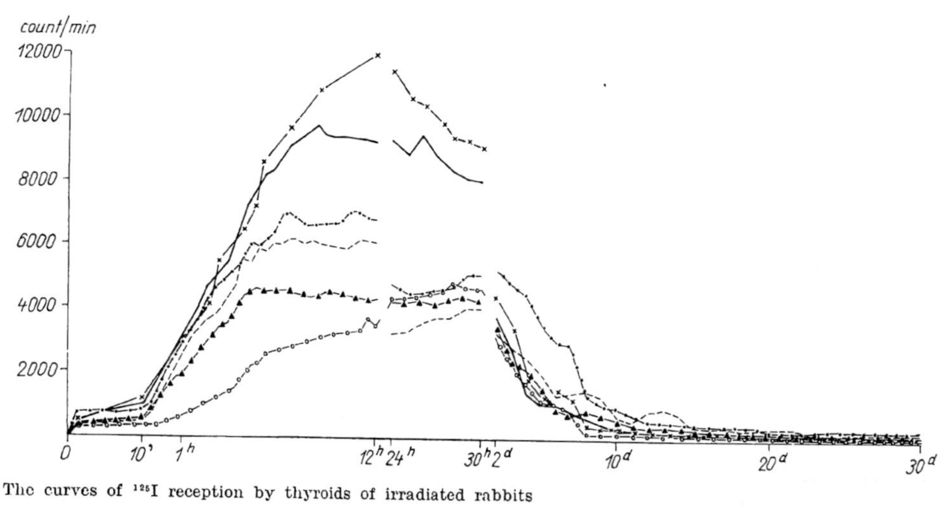

Fig. 1. The curves of ^{125}I reception by thyroids of irradiated rabbits

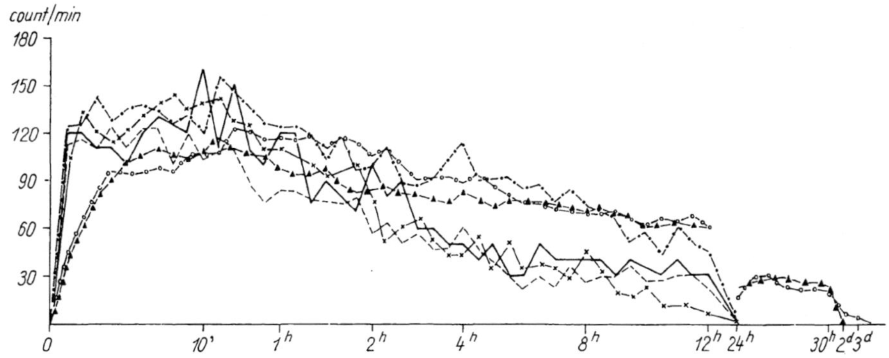

Fig. 2. The curves of ^{125}I reception by muscles of irradiated rabbits ——— rabbits non-irradiated; – × – × rabbits non-irradiated treated with TSH; – ● – ● rabbits contaminated 24 h after irradiation with 400 R and treated with TSH; – – – rabbits contaminated 5 d after irradiation with 400 R and treated with TSH; – △ – △ rabbits contaminated 24 h after irradiation with 800 R and treated with TSH; – ○ – ○ rabbits contaminated 5 d after irradiation with 800 R and treated with TSH

At this time the thyroid radioactivity ranged from 9800 to 9500 counts/min. After 10 days the radioactivity decreased to 300 counts/min and after 30 days to 50 counts/min.

The curve of iodine upteke by the thyroid of non-irradiated TSH-treated rabbits (II) was generally similar to that of control animals. In this group the phase of maximum uptake was noted between 12 and 24 hours post injection and thyroid radioactivity was by 21·0—18·6 per cent higher than that in controls and the differences were significant statistically. The disappearance of thyroid radioactivity shoved the same rate as in control rabbits.

In rabbits irradiated with 400 R and treated with TSH (III) an increase of thyroid radioactivity was of a similar pattern as that in the previous groups and the maximum value phase lasted from 6 to 12 hours after the injection of the isotope. However, given radioiodine 24 hours after irradiation thyroid radioactivity was lower by 11·5 per cent after 3 hours, 32·6 per cent after 12 hours, 51·5 per cent after 24 hours, 36·6 per cent after 30 hours and 31·9 per cent after 48 hours from the administration of the isotope than that in controls. Also, in rabbits examined 5 days after irradiation thyroid radioactivity was lower by 11·5, 37·7, 66·7, 49·6 and 16·2 per cent, respectively, than that in control group. The differences after 12—30 hours were significant statistically.

Rabbits irradiated with 800 R and treated with TSH when examined 24 hours after irradiation showed maximum thyroid radioactivity as early as 3 hours after ^{125}I administration. The radioactivity persisted for 30 hours. The obtained values were, however, considerable lower as compared with control rabbits: namely by 30·5 per cent after 3 hours, 56·1 per cent after 12 hours, 57·6 per cent after 24 hours, 47·8 per cent after 30 hours and 11·2 per cent after 48 hours from the isotope administration. In rabbits examined 5 days after irradiation radioactivity increased slowly and reached its maximum values after 24—30 hours. The radioactivity was lower by 68·4 per cent after 3 hours, 64·3 pere cent after 12 hours, 55·6 per cent after 24 hours, 41·5 per cent after 30 hours and 18·8 per cent after 48 hours than that of control rabbits. In both of the groups differences after 3—30 hours were significant statistically.

The results of radiation measurements of femoral muscles are shown in fig. 2. As can be seen from the figure within a few minutes after radioiodine injection, an increase of radioactivity was observed in the examined animals. The increase was then followed by a gradual decrease of radioactivity to an initial level within 24 hours. Only rabbits irradiated with 800 R dispayed muscle radioactivity up to 2—3 days.

Discussion

An increase of thyroid radioactivity in TSH-treated non-irradiated rabbits (II), as compared with control animals (I), is undoubtedly connected with a predominant effect of TSH on the transport of iodides from blood to the thyroid and their accumulation in this gland. Lately, an attention is baid to the fact that adenosine triphosphate, adenosine triphosphatase (ATP) and potassium ions may play a role in the transport of iodides from blood to the thyroid gland [4, 12]. Also, two serum factors: long-acting thyroid stimulator (LATS) and short-acting thyroid stimulator (SATS) were described [14]. They are considered to influence the thyroid like TSH, but are produced outside the hypophysis.

Altered iodine uptake observed in TSH-treated irradiated rabbits was probably caused by the development of post-radiation injuries. Clinical examinations, being in line with other reports [5, 10], indicate that rabbits from group II developed subacute and rabbits from group IV acute form of radiation sickness. Depending on these changes, thyroide iodine uptake in group II was lower than that in control group, and in group IV lower than that in group III. It is worth noting that thyroid radioactivity in rabbit sexamined 24 hours after irradiation was higher than that in rabbits examined after 5 days. This corresponds to the intensity of postradiation changes.

No reasonable explanation for this finding can be offered because there is only scant knowledge as to the effect of radiation on the endocrine system and to the mechanism of TSH influence on the thyroid gland. It seems that an essential role is played by an inhibitory effect of ionizing radiation on iodine uptake by the thyroid and increased excretion of the isotop from the organism [1, 6, 9]. Also, postradiation hypofunctional transformation of the thyroid in irradiated rabbits can limit nonspecific morphological, physiological and biochemical effects of TSH, which precede the action of the hormone on iodine metabolism and biosynthesis of thyroid hormones [3]. Some authors suggest that ionizing radiation can exert an influence on the hypothalamus producing thyrotropin releasing factors (TPF) or on the hypophysis secreting TSH [3, 12]. The ionizing radiation may also influence autonomic nervous system which is correlated with the endocrine system and so with the thyroid [13]. Finally there is the possibility of a direct influence of postradiation metabolites on TSH.

In conclusion it should be noted that the limited action of an exogenous TSH on the thyroid occuring in irradiated rabbits depends on X-radiation dose and time after irradiation. It may be presumed that the mechanism of this effect is associated with the correlation between complex and multiform postradiation disturbances of the organism and neurohormonal regulatory process.

Received July 18, 1978

References

[1] *J. D. Ackland,* Int. J. Radiat. Biol. **12** (1967) 177
[2] *W. D. Alexander, R. Harden, J. Shimmins,* J. Physiol. **194** (1968) 898
[3] Current topics in thyroid research. Acad. Press. N. York 1965
[4] *L. De Groot,* N. Engl. J. Med. **272** (1965) 243
[5] *Z. Dienstbier, M. Arient,* Eksperimentalni postiradiacni syndrom. Praha 1966
[6] *J. Einhorn, G. Wikholm,* Radiology **88** (1967) 326
[7] *W. R. Greig, I. T. Boyle,* Med. Monograph nr. 5. The Radiochem. Centre Amersham, England 1967
[8] *W. Hartwig,* Endokrynologia kliniczna. Warszawa 1972
[9] *S. Kossakowski,* Isotopenpraxis **14** (1978) 10
[10] *S. Kossakowski,* Weterynaryjna ochrona radiologiczna. Lublin 1970
[11] *J. K. Miller, B. R. Moss, E. W. Swanson,* J. Dairy Sci. **52** (1969) 677
[12] *I. N. Rosenberg, C. H. Bastomsky,* Ann. Rev. Physiol. **27** (1965) 71
[13] Schilddrüsenhormone und Körperperipherie. Springer Verlag Berlin 1964
[14] *S. Silver,* N. Engl. J. Med. **272** (1965) 466

Физические и некоторые радиохимические свойства микросфер альбумина, используемых в радиоизотопной диагностике

В. М. Петриев, В. И. Степченков, Дж. Г. Хачиров

(Научно-исследовательский институт медицинской радиологии АМН СССР, Обнинск)[1])

Проводилось изучение физических и радиохимических свойств меченых микросфер альбумина сыворотки человеческой крови в зависимости от технологии их получения. Показано, что дисперсный состав микросфер зависит от скорости перемешивания реакционной смеси. С повышением скорости перемешивания средний радиус микросфер уменьшается. Была установлена функциональная зависимость активности микросфер от их размера, она оказалась квадратичной при нанесении метки на микросферы после их приготовления и кубичной при введении метки в момент приготовления микросфер. Зная параметры распределения частиц по размерам и вид функциональной зависимости активности микросфер от их размера, можно расчитать количество частиц в единице массы. Усатановлено, что высокая радиохимическая чистота препаратов сохраняется на протяжении длительного периода их хранения.

(В 13) INIS DESCRIPTORS:

albumins; impurities; iodine 131; labelling; microspheres; mixing; particle size; physical properties; radioactivity; radiopharmaceuticals; storage

В последние годы в радиоизотопной диагностике наряду с нативным белком, микро- и макроагретами альбумина, преимущественно для оценки состояния микроциркуляции легких используются меченые микросферы альбумина сыворотки человеческой крови [1—3].

Микросферы альбумина по сравнению с другими мечеными препаратами альбумина имеют ряд преимуществ: они имеют правильную шаровую форму, имеют более устойчивую макро- и микроструктуру, относительно узкий диапазон размеров микросфер повышает уровень их дифференциального накопления и способствует уменьшению дозовых нагрузок на органы и ткани, не являющиеся объектом исследования, способ приготовления микросфер проще, чем макроагрегатов, не требует строгого контроля *p*H среды и, что, наиболее важно, меченые микросферы альбумина могут быть приготовлены заранее и такого дисперсного состава, который необходим для конкретных целей в клинике. Микросферы могут быть помечены любым радиозотопом. Радиоактивная метка может быть нанесена на поверхности или разномерно распределена в объеме частиц. Микросферы могут быть помечены при различных температурах денатурации альбумина.

[1]) Адрес: 249020, Обнинск, Калужской обл., ул. Королева, 4

Дисперсный состав, распределение радиоактивной метки на поверхности или в объеме частиц, глубина денатурации белка влияют на распределение микросфер в организме, выведение их из организма, качество и характер получаемой с их помощью информации.

В доступной литературе мы не обнаружили сколько-нибудь исчерпывающих сведений о радиохимических свойствах микросфер альбумина.

В настоящей работе изложены результаты специальных исследований: зависимость размера частиц от скорости перемешивания реакционной смеси, закономерности распределения активности в частицах в зависимости от способа ее нанесения, количество микросфер в единице массы, устойчивости меченого препарата в зависимости от условий хранения, влияния температуры денатурации белка на устойчивость меченого препарата.

Методики

Для изучения изложенных задач были приготовлены микросферы альбумина сыворотки человеческой крови, меченые ^{131}J, по модифицированной нами методике [4]. Принцип получения немеченых микросфер основывается на тепловой денатурации белка в растительном масле при постоянном перешивании. Метка микросфер ^{131}J осуществлялась в глициновом буфере с применением хлорамина Б, в качестве окислителя. Один метод приготовления меченых микросфер альбумина состоит из двух стадий: приготовление немеченых микросфер — первая стадия и метка их радиоактивным изотопом — вторая стадия. Второй способ приготовления меченых микросфер состоит из одной стадии, то есть метка их осуществляется в процессе приготовления.

Для нахождения вида функциональной зависимости между размером микросфер и уровнем их активности экспериментально определяли активность отдельных микросфер и их размер методом авторадиографии. Для этого суспензию микросфер в бидистиллате распыляли при помощи пневмофорсунки в камере, на дне которой помещали стеклянные подложки. Режим распыления и концентрацию суспензии подбирали такими, чтобы в каждой капле было не более одной частицы. Стеклянные подложки контактировали с ядерными фотопластинками типа МР-1, а их взаимное расположение фиксировали реперными знаками. После экспозиции и фотографической обработки фотопластинки и подложки с микросферами совмещали по реперным знакам, просматривали на микроскопе МБИ-9 и с помощью окулярного микрометра определяли размеры микросфер и соответствующих им авторадиографов.

Изучение скорости отщепления радиоактивного йода от поверхности микросфер проводилось при разных температурах хранения препарта. Для этой цели были приготовлены препараты с температурой денатурации белка 110 и 150 °C.

Три порции меченых микросфер суспендировали в пенициллиновых флаконах в 0,1 % твине-80 в физиологическом растворе. Отщепление ^{131}J от микросфер изучали при трех температурах: 0 °C (условия хранения препарата в холодильнике), 20 °C (условия хранения препарата при комнатной температуре) и 37 °C (температура тела человека). Скорость отщепления метки от частиц определяли также в сыворотке крови кролика при 37 °C. В каждой серии опытов через определенные промежутки времени отбирали пробы микросфер и раствора, измеряли их активность и расчитывали процент свободного ^{131}J по формуле:

$$a = \frac{I_r}{I_r + I_m} \cdot 100$$

где a — процент свободного ^{131}J

I_r — активность раствора

I_m — активность микросфер

Результаты и их обсуждение

Микросферы альбумина, полученные перечисленными методами, представляют собой слегка желтоватый дисперсный порошок. Распределение размеров частиц подчиняется закону Гаусса.

Размер частиц зависит от интенсивности перемешивания реакционной смеси. В табл. 1 представлены параметры микросфер, полученных при разных скоростях перемешивания реакционной смеси: Из таблицы видно, что среднее значение диаметра микросфер уменьшается с повышением скорости перемешивания.

Табл. 1 Зависимость размера микросфер от скорости перемешивания реакционной смеси

Скорость перемешивания реакционной смеси *об/мин*	Параметры распределения размеров микросфер		
	Средний диаметр *мкм*	Относительное среднеквадратичное отклонение *мкм*	Дисперсия *мкм*^{2}
900	12,0	8,8	77,44
1200	11,2	6,1	37,21
1800	6,8	5,1	26,01
2100	5,1	3,0	9,00

Для микросфер, размер которых мал по сравнению с пробегом бета-частиц в фотоэмульсии, справедливо следующее соотношение:

$$D = \alpha A^{1/2}$$

где D — диаметр авторадиографа

A — число бета-частиц, попавших на фотоэмульсию за время экспозиции

α — константа, зависящая от энергии бета-частиц, толщины и материала фотоэмульсии, а также от условий ее проявления

Связь между числом бета-частиц A и активностью микросфер I_0 можно записать в следующем виде: $\mathrm{d}A = I(t)\,\mathrm{d}t$ и $I(t) = I_0\,\mathrm{e}^{-\lambda t}$, тогда

$$A = \int_0^t I_0\,\mathrm{e}^{-\lambda t}\,\mathrm{d}t = \frac{I_0}{\lambda}(1 - \mathrm{e}^{-\lambda t})$$

где I_0 активность отдельной микросферы в начальный момент времени; λ-константа радиоактивного распада; t — время экспозиции (для данного эксперимента величина постоянная). Введя постоянные члены в коэфициент α и обозначив новый коэфициент η, получим:

$$D = \eta I_0^{1/2}$$

Приняв функциональную зависимость активности отдельной частицы от ее размера степенной $I(r) = \varepsilon r^n$, получим $D^2 = kr^n$, коэфициенты η и ε вошли в коэфициент k.

Результаты измерений размеров авторадиографов и микросфер нанесены на график в билогарифмической сетке (рис. 1). Из графика видно, что среднее значение активности растет с размером микросфер в степени $n = 2$ для микросфер, полученных по первому способу, и $n = 3$ для микросфер, полученных по второму способу. Следовательно, в первом случае радиоактивный йод распределяестя по поверхности частиц, а во втором случае — равномерно по всей массе частиц.

При толковании результатов важно, находится ли радиоактивная метка на поверхности или в объеме частиц. При поверхностном распределении радиоактивной метки продолжительность исследования состояния микроциркуляции соответствует периоду, необходимому для отщепления метки. Это время должно

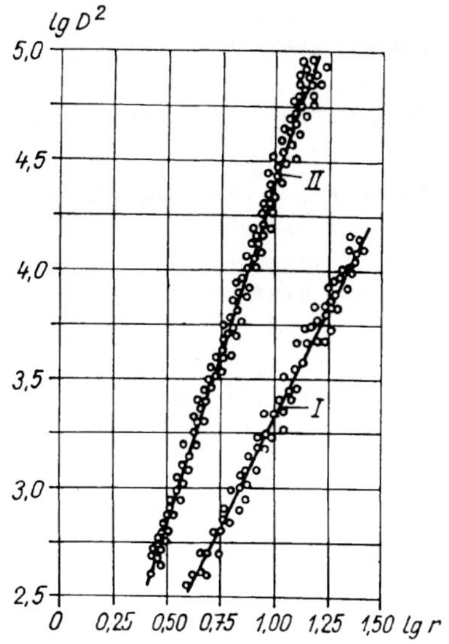

Рис. 1. Зависимость диаметра авторадиографа микросфер альбумина от их размера в билогарифмической сетке

I – с поверхностным распределением активности в частицах; II – с объемным распределением активности в частицах

быть меньше, чем полный протеолиз и элиминация микросфер из органов и тканей. Объемное распределение радиоактивной метки позволяет изучать состояние микроциркуляции в динамике, а время регистрации активности соответствует продолжительности локализации микросфер в том или ином месте. Период регистрации активности над исследуемым участком соответствует времени протеолиза частиц в участках их локализации.

При использовании меченых микросфер альбумина в радиозотопной диагностике следует учитывать количество частиц, вводимых в организм. Эта величина может быть найдена, если определены суммарная активность микросфер I и функция распределения $f(r)$ по размерам. При этом учитывается вид функциональной зависимости активности микросфер от их размера.

Для микросфер с поверхностным распределением активности в частицах справедливо следующее $I(r) = \varepsilon r^n$, где $I(r)$ активность микросфер с размером r, ε — размерный коэфициент, численно равный удельной поверхностной активности и имеющий размерность *мкм*$^{-2}$ *сек*$^{-1}$. Так как

$$I = N \int_0^\infty \varepsilon r^2 f(r)\, dr = N\varepsilon \overline{r^2} \tag{2}$$

а для любого распределения $\sigma^2 = \overline{r^2} - \bar{r}^2$, то

$$I = N\varepsilon(\sigma^2 + \bar{r}^2)$$

где I — суммарная активность микросфер
N — количество частиц

Таким образом, зная параметры распределения σ и $\bar{r}$ суммарную активность I, можно определить количество микросфер в единице объема, вводимого в организм. Численное значение коэффициента ε определяется экспериментально, как показатель пропорциональности между активностью отдельных микросфер и их размером. Для этого измеряются размеры и активность микросфер с помощью 4π-проточного счетчика. Результаты измерений наносятся на график, где на оси ординат откладывается $\sqrt{I}$, а на оси абсцисс радиус микросфер (Рис. 2). В наших экспериментах численное значение равно 19,4 *мкм*$^{-2}$ *сек*$^{-1}$. Коэфициент ε определяется по углу наклона прямой $\varepsilon = \mathrm{tg}^2\,\alpha$.

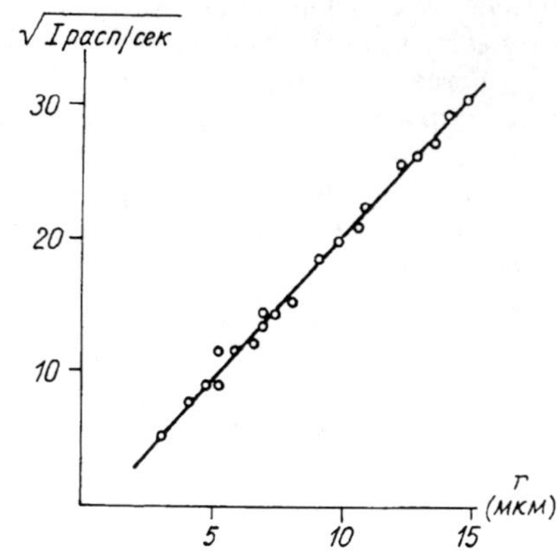

Рис. 2. Калибровочный график для определения ε

Для микросфер с распределением радиоактивной метки равномерно по всему объему частиц справедливо выражение $I(r) = \beta r^3$, а их суммарная активность выражается соотношением

$$I = N \int_0^\infty \beta r^3 f(r)\, dr = N\beta \overline{r^3}$$

Для распределения Гаусса средний кубический радиус равен:

$$\overline{r^3} = \int_{-\infty}^{\infty} \frac{1}{\sigma\sqrt{2\pi}} e^{-\frac{(r-\bar{r})^2}{2\sigma^2}} \cdot r^3 \cdot dr$$

Решение этого уравнения дает $\overline{r^3} = \bar{r}^3 + 3\sigma^2\bar{r}$, тогда

$$I = N\beta(\bar{r}^3 + 3\sigma^2\bar{r})$$

где β-размерный коэффициент, численно равный удельной объемной активности и имеет размерность *мкм*$^{-3}$ *сек*$^{-1}$.

Рассмотрим активность одной микросферы I_0, которая равна $I_0 = im_0$, где i-удельная активность, m_0-масса отдельной частицы. Если выразить массу через объем, получим $I_0 = \frac{4}{3}\pi i\varrho r^3$, отсюда видно, что $\beta = \frac{4}{3}\pi p i$.

Таким образом, зная параметры распределения размеров микросфер и их удельную активность, можно определить количество микросфер по суммарной активности, вводимой в организм. Для микросфер с объемным распределением активности в частицах $i = 1{,}2 \cdot 10^{11}$ c^{-1} *кг*$^{-1}$ и $\beta = 7{,}8 \cdot 10^{-4}$ c^{-1} *мкм*$^{-3}$.

Для толкования результатов использования в радиоизотопной диагностике меченых микросфер альбумина по нашему мнению совершенно необходимо знать кинетику отщепления радиоактивной метки, так как устойчивость меченых микросфер ин витро в некоторой степени влияет на их устойчивость ин виво.

Результаты измерения скорости отщепления метки от микросфер представлены на рис. 3, из которого видно, что скорость отщепления метки находится в прямой зависимости от температуры хранения препарата, возрастает с повышением температуры. Так, процент свободного ^{131}J через 16 суток при 37 °C достигает 6%; при 20 °C приближается к 3% и при 0 °C—2%.

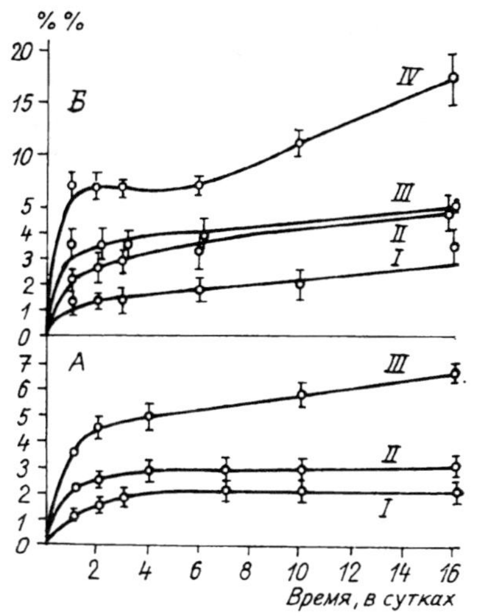

Рис. 3. Скорость отщепления ^{131}J от поверхности микросфер, приготовленных при 110 °C (A) и 150 °C (Б), в зависимости от температуры хранения препарата

I, II, III — в 0,1 % твине-80 в физиологическом растворе; IV — в сыворотке крови кролика

Скорость отщепления ^{131}J от поверхности микросфер, приготовленных при температурах денатурации 110 и 150 °C заметно не отличается.

Результаты испытаний свидетельствуют о том, что меченые микросферы при хранении в условиях низких температур сохраняют высокую радиохимическую чистоту достаточно длительное время, что позволяет приготавливать их впрок.

Таким образом, изложенные радиохимические и физические свойства микросфер альбумина важны не только при их приготовлении для радиоизотопных исследований конкретных органов и систем, когда важен дисперсный состав, но и при толковании полученных результатов, когда следует учитывать пространственное распределение в частицах радиоактивной метки. Приведенные данные представляют интерес как для тех, кто готовит этот препарат, так и для тех, кто его использует в радиоизотопной диагностике.

Поступила в редакцию 13/III, 1978 г.

Литература

[1] *J. A. Burdine, R. E. Sonnermaker, L. A. Ryder*, Radiology **95** (1970) 101

[2] *J. A. Burdine, L. A. Ryder, R. E. Sonnermaker, G. DePuey, M. Calderon*, J. Nucl. Med. **12** (1971) 127

[3] *S. Bostrom, D. W. Brown*, J. Nucl. Med. **12** (1971) 474

[4] *В. М. Петриев, Т. Р. Бочкова, Дж. Г. Хачиров, С. В. Серый*, Мед. радиол. **21**, № 6 (1976) 39

[5] *Н. А. Коузов*, „Основы анализа дисперсного состава промышленных пылей и измельченных материалов", „Химия", Ленинград 1971

Tagungsberichte

Internationales Symposium über die Anwendung von nuklearen Aktivierungsverfahren in den Biowissenschaften vom 22.—26. 5. 78 in Wien

Die IAEA veranstaltete das dritte Symposium „Nuclear Activation Techniques in the Life Science" 1978 in Wien. 65 Vorträge waren der Beurteilung von Analysenverfahren, dem Vergleich der Aktivierungsanalyse mit anderen Methoden, der Bestimmung von Spurenelementen in Organen, Körperflüssigkeiten und Haar bei Normalbedingungen, Umgebungsbelastung und Erkrankungen und der in-vivo-Aktivierungsanalyse von Ganz- und Teilkörpern gewidmet.

In der in-vivo-Aktivierungsanalyse nahmen methodische und apparative Entwicklungen einen breiten Raum ein, es wurde aber auch über den klinischen Einsatz zur Diagnostik z. B. von *K. Boddy* et al. zur Bestimmung von Phosphor, Stickstoff, Natrium, Kalzium und Chlor und von *T. Spinks* et al. zur Kalziumbestimmung berichtet.

Bei den Vorträgen über die Bestimmung von Spurenelementen traten methodische Fragen in den Hintergrund, es dominierte die Vorstellung von Ergebnissen über Normalwerte und deren Veränderungen. Dank der Initiative der IAEA, die ein entsprechendes Forschungsprojekt initiiert hatte, besteht jetzt ein relativ guter Überblick über den Spurenelementgehalt im Haar. Der Mittelwert zeigt in verschiedenen Kontinenten keine wesentliche Abweichung für Zn (150 ppm) und Cu (15 ppm), dagegen zeichnen sich deutliche territoriale Unterschiede bei Selen ab. Die in Europa erhaltenen Werte sind relativ niedrig.

Berufsbedingte Erhöhungen wurden im Haar für Mn bei Schweißern von *Wiesener* et al. und für As bei Hüttenarbeitern von *Jervis* et al. vorgestellt.

Der Spurenelementgehalt in Organen und Körperflüssigkeiten verändert sich auch bei Erkrankungen. Dabei sind besonders Zn, Cu, Se und Fe betroffen. *R. Michel* zeigte, daß Metallimplantationen unter der korrosiven Wirkung der Körperflüssigkeit zu einer Erhöhung des Gehaltes an Korrosionsprodukten im Organismus führt. Andere Elemente werden dafür abgereichert, z. B. Anstieg von Co und Ni und Abfall von Zn und Se. *Lux* et al. demonstrierten die Rolle von Ca und Fe bei der Wundheilung und *Al-Shamma* et al. zeigten an Tierexperimenten, daß bei Metall-Inertgas-Schweißen Fe, Co und Cr sowohl über den Atemweg als auch über den Verdauungstrakt in den Organismus gelangen.

Im Vortrag von *R. O. Allen* et al. wurde dargestellt, daß sich die Gehalte an Fe, Zn und Se im Serum bei der Strahlentherapie von Krebs in kurzen zeitlichen Abständen unter Ausbildung scharfer Maxima und Minima verändern.

J. Kiem et al. fanden in Blutplättchen einen hohen Se-Gehalt, verbunden mit dem hohen Anteil an Glutathionperoxidase und nehmen an, daß Selenmangel mit einer erhöhten Sterberate bei Herzerkrankungen korreliert.

A. P. Grimanis et al. analysierten Muttermilch und Kuhmilch und machten auf den der Versorgung der Neugeborenen mit Kupfer dienenden erhöhten Kupfergehalt in der Muttermilch aufmerksam. Wenn Weizen unter Mineralstoffmangel, d. h. im Sandboden aufgezogen wird, enthalten die Blätter nach *J. W. Leonhard* u. a. nicht nur wenig Na, K, Rb, B, sondern sogar erhöhte Mengen an Cs, Fe, Co.

Die genannten Beispiele demonstrieren, daß mit Hilfe der Aktivierungsanalyse weitere Kenntnisse über den Spurenelementstoffwechsel gewonnen wurden.

Die Veranstaltung war aber auch durch eine kritische Beurteilung der Analysenergebnisse und -methoden geprägt. Vom Veranstalter war dafür zu speziellen Übersichtsvorträgen über Probennahme und Präparation (*B. Sansoni*), Neutronenaktivierungsanalyse (*V. P. Guinn* und *J. Hoste*), optische Emissionsspektroskopie (*V. A. Fassel*), Atomabsorptionsspektroskopie (*G. F. Kirkbright*), Massenspektroskopie (*G. H. Morrison*) und Röntgenemissionsanalyse (*A. Katsanos*) eingeladen worden. Die genannten Experten stellten sich in einem Rundtischgespräch auch zu Fragen der Analysenstreuung, ökonomischen Aspekten der Analytik und der Bestimmbarkeit der chemischen Form der Diskussion.

Eingegangen am 14. 9. 1978

S. Niese

Buchbesprechungen

Nuclear Techniques and Mineral Resources 1977

Proceedings Internat. Symposium, Vienna, 7–10 March 1977

IAEA, Vienna 1977. (Proceed. Series, STI/PUB/464). 654 S., div. Abb. u. Tab.; US $ 46,–

Kernphysikalische Meß- und Analysenverfahren spielen eine wichtige Rolle bei der Erkundung und Gewinnung von mineralischen Rohstoffen. Bei der Analyse von vorbereiteten Proben im Labor, beim Nachweis von Elementen durch Messungen über und unter Tage und bei der Kontrolle und Steuerung der Anreicherung und Verarbeitung werden diese Verfahren mit Erfolg angewandt.

Angesichts des zunehmenden Rohstoffbedarfs wird es immer wichtiger, den Inhalt von Lagerstätten genau und zuverlässig zu ermitteln und mit geringen Verlusten bergmännisch zu gewinnen. Dazu braucht man massenweise Analysen des Rohstoffs. Damit eröffnen sich den Verfahren der kernphysikalischen Stoffanalyse große Möglichkeiten. In aller Welt wird an der Entwicklung, Erprobung und Einführung von zuverlässigen und nützlichen Verfahren gearbeitet und auch das Bedürfnis nach Austausch von Erfahrungen empfunden. Die IAEA hat darum 1977 ein weiteres Symposium über diesen Gegenstand veranstaltet, nachdem 1968, 1969 und 1974 ähnliche Tagungen stattgefunden haben.

Die Vorträge, zu denen auch die Diskussionen abgedruckt sind, gliedern sich in die Gruppen: Erdöl und Erdgas (3 V.), Kohle (4 V.), Erkundung und Gewinnung von anderen Rohstoffen (20 V.), Anreicherung und Verarbeitung (4 V.). Jede Gruppe wird mit einem Übersichtsvortrag eingeleitet.

Wenn man die Veröffentlichungen der Tagungen von 1968 und 1977 vergleicht, kann man den Fortschritt erkennen, der sowohl in der Methodik als auch — besonders — in der meßtechnischen Verwirklichung erreicht wurde. Einige Stichworte sollen den Inhalt der Vorträge andeuten: energiedispersive Röntgen-Fluoreszenzanalyse zur Bestimmung von Elementen in Erzen, Meeresbodenablagerungen und Verarbeitungsprodukten; Spektrometrie der natürlichen Gammastrahlung zur Untersuchung von Sedimentgesteinen und des Meeresbodens; Spektrometrie der prompten Gammastrahlung; Verwendung von ^{252}Californium; mögliche Anwendungen von Neutronengeneratoren mit hoher Leistung; Erkundung von Quellen geothermischer Energie; Thermolumineszenz-Analyse; Anwendung von Impuls-Neutronengeneratoren in der Bohrlochmessung.

Wie üblich werden am Schluß des Bandes die Listen der Tagungsteilnehmer und der Leiter der Sitzungen und ein Autorenregister gegeben. Der Band ist in gewohnt guter Weise ausgestattet. Er wird von den Fachleuten des Gebietes aufmerksam gelesen werden.

K. H. Köhler

Measurement, Detection and Control of Environmental Pollutants

Proceedings of a Symposium, Vienna 15–19 March 1976

IAEA, Vienna 1976, 641 S., div. Abb. u. Tab., US $ 39,–

Der Eindruck, den der Leser der Berichte über den Wert des Symposiums erhält, ist ein wenig zwiespältig. Einesteils werden von den Verfassern der auf dem Symposium gehaltenen Vorträge, die in diesem Band — von wenigen Ausnahmen abgesehen — in vollständigem Text wiedergegeben sind, wertvolle Angaben über neu- oder weiterentwickelte spurenanalytische Bestimmungsmethoden gemacht. Hierdurch erhält der interessierte Leser in der Synopsis einen recht umfassenden Überblick über den derzeitigen Stand auf diesem Gebiet. Andernteils ist ein recht großer Teil von Arbeiten mit einer Vielzahl von Meßergebnissen versehen, die nur für ein bestimmtes Gebiet unter bestimmten Bedingungen von Bedeutung sind. *H. Kaiser*, der interessante generalisierende Gedanken als Einleitung zu einer Diskussion über Meßvergleiche bei der Multielementanalyse äußerte (Session VI), hat auf diesen Mangel hingewiesen.

In Session I wurden einige längere Vorträge zur Entstehung und Überwachung von Schadstoffen bei der Verbrennung von fossilen Brennstoffen sowie zum Vergleich verschiedener Analysenmethoden gehalten.

In den Vorträgen der Session II, die der Anwendung der Aktivierungsanalyse zur Bestimmung von Elementkonzentrationen vornehmlich in den Aerosolen gewidmet war, beeindruckt die Vielzahl der zur Untersuchung von Flugasche und anderen Aerosolen entwickelten Untersuchungsmethoden. Jedoch dominieren in dieser Sektion die „großen Tabellen mit Elementkonzentration“. Umgekehrt sind die Verhältnisse in den Sektionen III (Röntgenfluoreszenz- und Röntgenemissionsspektrometrie) und IV (verschiedene Methoden zur Schadstoffuntersuchung). Die Weiterentwicklung des Elektroneneinfangdetektors (*E. Bros* et al.) und seine Anwendung zum Nachweis des SF_6 (*Dietz* et al.) bei dessen Anwendung als Tracer bietet interessante Möglichkeiten. Die Untersuchung des Bindungszustandes des Eisens in Aerosolen mittels *Mößbauer*spektrometrie am ^{57}Fe (*Desaedeleer* et al.) schafft Ansätze zur Ermittlung der Herkunft des Eisens in solchen Aerosolen.

In Session V (Analyse von Schadstoffen in Wasser und anderen Umweltstoffen) dominieren in besonderem Maße Untersuchungen mittels Aktivierungsanalyse. Herausragend hier eine umfassende Untersuchung über die Konzentration einer großen Zahl von Elementen in Abwasserschlamm unter Nutzung der Photonenaktivierungsanalyse (*Chattopadhyay*).

Session VII war der Anwendung von Tracertechniken zur Untersuchung von Wasserverunreinigungen gewidmet.

In Session VIII wurde eine von *F. S. Lowland* geleitete Diskussion über die gesamte Symposiumsthematik durchgeführt.

Aus den Berichten läßt sich resümierend feststellen, daß zur Untersuchung von Schadelementkonzentrationen in der Umwelt die verschiedensten Methoden der Aktivierungsanalyse, der Atomabsorptionsspektrometrie, der Röntgenfluoreszenzanalyse und Gaschromatographie dominieren. Deutlich wird, daß bei der Untersuchung von organischen Schadstoffen in der Umwelt ein beträchtlicher Nachholebedarf besteht. *H. Gerstenberger*

Geology, Mining and Extractive Processing of Uranium (Internat. Symposium, London, 17 – 19 January, 1977)

M. J. Jones (Edit.). The Institution of Mining and Metallurgy, London 1976. 171 S., div. Abb u. Tab., Pappband A4, US \$ 32,—

Die voraussichtliche starke Zunahme des Energiebedarfs in den nächsten Jahrzehnten veranlaßte das oben genannte Institut, zusammen mit der Kommission der Europäischen Gemeinschaft, eine Tagung über die Erkundung, Gewinnung und Verarbeitung des Urans zu veranstalten. Dabei ließ man sich von dem Gedanken leiten, daß die Kernenergie den größten Anteil der Bedarfszunahme decken muß, und daß deshalb die Versorgung mit Kern-Rohstoffen besonders wichtig ist. Die Vorträge, die von bekannten Fachleuten gehalten wurden, lassen den erreichten Stand der Forschung und Praxis erkennen.

Mit der Ermittlung des europäischen Uranbedarfs und dem Vorkommen des Urans im Weltmaßstab befassen sich 2 Vorträge. Die Geologie des Urans (im Maßstab eines Landes oder einer Lagerstätte) behandeln 8 Vorträge. Methoden der Suche und Erkundung werden in 2 Vorträgen erläutert. Der Gewinnung sind 2 und der Verarbeitung 5 Vorträge gewidmet.

Einige Stichworte zum Inhalt der Vorträge: Kritische Vorhersagen des Energie- und Uranbedarfs (weniger optimistisch als vor einigen Jahren); Übersicht der Vorräte und Produktionskapazitäten; Lagerstätten in Grönland, in Australien, in Kanada, in Spanien, in den österreichischen Alpen, in Graniten; Technologie der Erkundung; Gamma-Spektrometrie vom Flugzeug aus; Laugung von Erzen.

Während manche Arbeiten Übersichten über größere Bereiche vermitteln, befassen sich andere Beiträge mit bestimmten Einzelfragen. Dadurch sind die Arbeiten unterschiedlich in ihrem Wert. Außerdem sind sie nicht in einer sachlich begründeten Reihenfolge angeordnet, was den Überblick etwas erschwert.

Der saubere Druck und die gute Wiedergabe der Abbildungen (einige Kartendarstellungen mehrfarbig) verdienen besondere Hervorhebung.

Die Veröffentlichung wird aufmerksame Leser finden.

K. H. Köhler

Die Diffusion und Drift von Elektronen in Gasen

L. Huxley, R. Crompton, Aus dem Engl.; Moskau: Mir 1977, 672 S., zahlr. Abb., Tab. und Lit. (in Russisch); Rbl. 4,49; M 22,45

Bei diesem Buch handelt es sich um eine Übersetzung des drei Jahre zuvor bei Wiley erschienenen Bandes der auf diesem Fachgebiet sehr bekannten australischen Autoren. Inhalt und Umfang der Monographie berechtigen zweifellos, von einem Standardwerk zu sprechen. Es ist sehr ausführlich und übersichtlich gegliedert und zerfällt inhaltlich in zwei große Teile: der erste hat mehr theoretische, der zweite mehr experimentellen Charakter. Die Kapitel des ersten Teiles geben zunächst eine mehr wissenschaftliche Einführung, sodann eine Behandlung der *Maxwell-Boltzmann*schen Gleichung und eine einfache Theorie von Drift und Diffusion. Die Autoren arbeiten diese Theorie dann genauer aus und wenden sie auf die Verhältnisse im elektrischen Gleichfeld an. Es folgen eine Theorie der Elektronenwolke, die in Verbindung zur Messung verschiedener Parameter steht, die Besprechung von Stoßeinflüssen und der mittleren freien Weglänge, die Behandlung der Wirkung eines magnetischen Gleichfeldes sowie eines elektrischen MF-Feldes.

Teil 2 bringt die Meßmethoden für die Driftgeschwindigkeiten, die Diffusionskoeffizienten und weitere Koeffizienten sowie die Gewinnung von Werten für diverse Wirkungsquerschnitte in Verbindung mit dem Elektronentransport. Er schließt mit einer Zusammenstellung der verschiedensten einschlägigen Meßresultate, besonders für die Edelgase, H_2 und D_2, N_2, O_2, Luft, CO_2 und Wasserdampf.

Gerade wegen dieses letzten Kapitels, aber auch der sonstigen zahlreichen in den gesamten Text eingestreuten Tabellen und Diagramme, eignet sich das ausgezeichnete Buch auch vorzüglich als Nachschlagewerk.

Den Spezialisten der Plasmaphysik und -chemie, der Gaslaser, aber auch der Ionisationsdetektorentwicklung und -anwendung dürfte es von größtem Nutzen sein. *G. Brunner*

Die Kern-Gamma-Resonanz und sie begleitende Prozesse

D. K. Kaipow, Alma-Ata: Nauka 1976, 171 S., 67 Abb., 9 Tab. (in Russisch); Rbl. 1,34; M. 6,70

Seit 1969 hält der Autor Kursvorlesungen an der kasachischen Kirow-Universität über „ausgewählte Kapitel der Kernphysik". Ein Teil davon bildet die inhaltliche Grundlage des vorliegenden Buches. Seine beiden Kapitel betreffen die heute nicht mehr sehr aktuelle „klassische", d. h. rückstoßbehaftete Gamma-Resonanzstreuung und den *Mößbauer*-Effekt, also die rückstoßfreie Festkörper-Resonanz.

Die „begleitenden Prozesse' sind die mehr oder minder beiläufig abgehandelten Modifikationen des „Gamma-Mikrospektrums" durch strukturbedingte Einflüsse auf die Emitteratom-Impulsverteilung bei der klassischen Resonanz oder die Phononenwechselwirkung bzw. die elektrische (Isomerieverschiebung!) und magnetische (Kern-Zeeman-Effekt!) Wechselwirkung beim *Mößbauer*-Effekt.

Der Band hat Lehrbuchcharakter, ist in seinen Voraussetzungen aber recht uneinheitlich: Während viele, vor allem formale Rechnungen sehr breit dargestellt sind, wird z. B. die fundamentale Querschnittsformel für die Resonanzstreuung ohne Herleitung oder Diskussion einfach gegeben.

Die Möglichkeiten des *Mößbauer*-Effekts zur Prüfung von Voraussetzungen der Relativitätstheorie werden ausführlich erläutert, andere und mehr praktische Anwendungen kommen nur relativ kurz weg. So ist der Tiefgang etwa bei der Interpretation der Isomerieverschiebung über Aussagen zu den Elektronendichten am Kernort relativ mäßig.

Mithin kommt zu der bereits sehr stattlichen Reihe von einschlägigen Veröffentlichungen aller Art ein weiteres Werk hinzu, für das vor allem sein niedriger Preis spricht, und das demzufolge wohl besonders bei Studenten der Physik oder Chemie in den höheren Semestern auf Interesse stoßen wird. *G. Brunner*

Biophysik — Ein Lehrbuch

Hrsg. W. Hoppe, W. Lohmann, H. Markl, H. Ziegler. Berlin — Heidelberg — New York: Springer-Verlag 1977. XVI, 720 S., 605 Abb., 56 Tab.; geb. 98,— DM

Das vorliegende Lehrbuch der Biophysik soll Zusatzwissen zu den Grundkenntnissen der Biologie, der Physik, der physikalischen und Biochemie vermitteln, das in konzentrierter Form auch im Rahmen von Biophysik-Vorlesungen für Studenten geboten werden soll, welche dieses Grenzgebiet nicht als Hauptfach anstreben. Dazu mußte eine sinnvolle Auswahl getroffen werden, zu der sich die Herausgeber auf Grund ihrer Erfahrungen entschlossen haben, die in Vorlesungsreihen in München gewonnen wurden. Besonders betont werden wichtige Kapitel der molekularen und zellulären Biophysik; es werden der Bau der Zelle (*E. Schnepf*), der chemische Bau biologisch wichtiger Makromoleküle (*H. Tschesche*), Eigenschaften von Biomolekülen (*F. Dörr* u. a.) und ihre intra- und intermolekulare Wechselwirkung (*G. L. Hofacker* u. a.), Energieübertragungsmechanismen (*F. Dörr* u. a.) behandelt. Die Wirkung ionisierender Strahlung auf biologische Systeme der Strahlenbiophysik wird von *E.-G. Niemann* auf 12 Seiten klar und das Wesentlichste erfassend dargestellt — die Strahlung und ihre Messung, Beschreibung und Deutung der Strahlenwirkung, molekulare Strahleneffekte, Strahlenwirkung auf Biomoleküle und molekulare Strukturen, Strahlenwirkung auf Zellen und Organismen sowie Strahlengefährdung und -schutz. Tracermethoden in der Biologie (*H. Simon*) — Anwendung stabiler und radioaktiver Isotope, Isotopeneffekte, analytische Isotopenanwendung und Beispiele der Anwendung. Weitere Kapitel betreffen die energetischen und statistischen Beziehungen (*F. Dörr* u. a.), Enzyme (*R. Huber*), Nucleinsäuren (*W. Zilling*), Membranen (*K. A. Fisher* u. a.), Transduktionsprozesse (*U. Thurm* u. a.), Photobiophysik (*G. Renger* u. a.), Biomechanik (*H. G. Mannherz* u. a.), Elektrorezeption (*T. Szabo*), Geo-Biophysik (*H. Markl*), Kybernetik (*H. Marko* u. a.) und Evolution (*H. Kuhn* u. a.). Eine Informationsfülle und doch nur eine Auswahl aus dem Grenzgebiet zwischen Biologie und Physik in teilweise bestechender Weise dargestellt, eine große Leistung der Herausgeber in hervorragender Aufmachung. Ein Buch, das jeder, der an biophysikalischen Problemen interessiert ist, mit besonderer Freude zur Kenntnis und zur Hand nehmen wird.

K. Unger

Monitoring of Radioactive Effluents from Nuclear Facilities Proceedings of a Symposium, Portoroz 5. bis 9. Sept. 1977 IAEA, Wien 1978, 610 S., STI/PUB/466, karton.

Die Kontrollen der Freisetzung radioaktiver Stoffe mit der Abluft und dem Abwasser von Kernanlagen sind ein wichtiger Bestandteil der Sicherheitsmaßnahmen in Kernanlagen zum Schutze der Umgebung. Der Nachweis, daß die Freisetzungen die staatlich genehmigten Grenzwerte nicht übersteigen, beweist der Genehmigungsbehörde und der Öffentlichkeit das sichere Funktionieren der Anlage und ihrer technischen Sicherheitseinrichtungen.

Das Symposium behandelte mit diesen Kontrollen verbundene wissenschaftliche, technische und organisatorische Fragen, wie z. B. die Zielsetzungen von Kontrollprogrammen für geplante und ungeplante Aktivitätsfreisetzungen, die Meßverfahren für den Aktivitätsnachweis und die Nuklididentifizierung in Abluft und Abwasser, spezielle Techniken für den Nachweis geringer Aktivitätskonzentrationen, die Nachweisführung und Berichterstattung über die Kontrollergebnisse sowie die nationalen Anforderungen an Kontrollprogramme nebst Kontrollpraktiken und Erfahrungen.

Große Aufmerksamkeit wurde von den Vertretern westlicher Länder der Frage gewidmet, die Kontrollprogramme, Meßfverfahren und Berichterstattungen so auszulegen, daß die Überzeugungskraft der Überwachungsergebnisse die Vorbehalte der Bevölkerung gegen die Entwicklung der Kernenergie aufhebt.

Zwei Entwicklungslinien zeichneten sich ab: Zum einen werden Meßgeräte und -verfahren zur Abluftkontrolle vorgestellt, die den Nachweis von Aktivitätskonzentrationen um mehrere Größenordnungen unter den MZK(A)-Werten gestatten, z. B. für Spaltedelgase bis 10^{-5} MZK(A) mit der Begründung der notwendigen Bestimmung von Bevölkerungsstrahlenbelastungen von einigen mrem/a im Nahbereich von Kernanlagen, zum anderen werden in immer stärkerem Maße Computer für die Rationalisierung der Überwachungsprozesse eingesetzt.

Beispiele wurden hier von mehreren Ländern vorgestellt, wobei die Beiträge der USA, die rechnergesteuerte kombinierte Abluft-, Raumluft- und Prozeßluftüberwachung in einem Pu-Laboratorium und die zentralisierte rechnergesteuerte Erfassung der Kontrolldaten von 30 USERDA Kernanlagen mit Erarbeitung von Freisetzungsreports und Trendanalysen, die fortgeschrittensten Anwendungen zeigten. Wichtig sind auch die Beiträge, die zu Vereinheitlichungen in Meßverfahren und Interpretationen aufrufen oder dafür Richtlinien vorgeben, um eine Vergleichbarkeit der Ergebnisse und ihre zusammenfassende Auswertung in Kollektivdosen und kollektiven Disiscommittments zu ermöglichen. Das abschließende Rundtischgespräch verglich nationale Praktiken der Auswurfkontrollen unter Wertung ihrer wissenschaftlichen, technischen, physiologischen und soziologischen Aspekte.

W. Roßbander

Plasma-Elektronenquellen

J. J. Kreindel. Atomizdat, Moskau 1977, 144 S., 89 Abb., 8 Tab.; (in Russisch) broschiert, Rub. 1,43; M 7,15

In insgesamt 8 Kapiteln werden die Grundlagen und die Möglichkeiten der Erzeugung von Elektronenstrahlern mit Hilfe eines Plasmas beschrieben, wobei auf Besonderheiten der Elektronenemission in Systemen von Plasmakathoden eingegangen wird. Der Autor klassifiziert die Plasma-Elektronenquellen in solche mit stationärem Plasma (Gas- und Oberflächenentladungen) und solche mit instationärem Plasma; den größeren Raum der Schrift nehmen die stationären Plasmen ein. Allerdings werden auf 25 Seiten des Kapitels 6 über nicht-stationäre Plasmen neben den Funkenentladungen von Elektronen auch Methoden unter Anwendung optischer Laser mit behandelt. Das Kapitel 8 (21 Seiten) über die Anwendung von Plasma-Elektronenquellen zeigt Möglichkeiten auf, wie u. a. auf dem Gebiet der Elektronenbeschleuniger, der Quantenelektronik und einiger experimenteller Techniken. Dabei wird auf konstruktive Einzelheiten der Quellen eingegangen, beispielsweise eines CO_2-Impulslasers mit einem Volumen von 10 l und einer Energie der Impulse von 500 J.

Die Schrift wendet sich an Leser — wie es in einem Vorspann heißt —, die auf dem Gebiet der Beschleunigungstechnik von Elektronen, der Experimentalphysik und der Elektronenstrahltechnik arbeiten. Dies dürfte den Leserkreis charakterisieren, dem die Schrift als eine Einführung empfohlen werden kann, die aber jederzeit durch die belegten 180 Literaturstellen einen Zugang zu einer vertieften Betrachtung ermöglicht. Die Literatur wurde bis 1974 berücksichtigt, in wenigen Ausnahmen sind Arbeiten aus dem Jahr 1975 mit erfaßt, die aber vom Autor selbst stammen.

H. Hübner

The studies were performed on 60 rabbits non-irradiated and irradiated with 400 R or 800 R. All the rabbits were injected i.v. with ^{125}I and then i.m. with the thyroid stimulating hormone (TSH). In irradiated animals these injections were given 24 h or 5 d after irradiation. Non-irradiated rabbits showed an increased accumulation of iodine in the thyroid, whilst in irradiated animals iodine uptake was lower and depended on radiation dose and time after irradiation.

V. M. Petriyev, V. I. Stepchenkov, D. G. Khatchirov

The Physical and Some Radiochemical Properties of Albumin Microspheres Used in Isotope Diagnostics (*in Russian*)

Isotopenpraxis **15** (1979) No. 1, p. 22 to 25
3 Fig., 1 Tab., 5 Ref.

The physical and radiochemical properties of labelled microspheres of human serum albumin were studied as a function of the technology of their preparation. It is shown that the disperse composition of microspheres depends on the mixing velocity of the reaction mixture. The mean radius of microspheres decreases with increasing mixing velocity. The functional dependence of the activity of microspheres from their size is determined. It turned out to be of the second degree when microspheres were labelled after their production, and of the third degree when they were labelled in the moment of their production. The number of microspheres per mass unit can be calculated, if the parameters of particle size distribution and the kind of dependence of the activity of microspheres from their size are known. It was found that high radiochemical purity is preserved over a long storage period for the preparations.

Meetings

Isotopenpraxis **15** (1979) No. 1, p. 25 to 26

New Books

Isotopenpraxis **15** (1979) No. 1, p. 26 to 28

Исследования были выполнены на 60 кроликах, которые то совсем не подвергались облучению, то облучались дозами в 400 или 800 R, соответственно. Всем кроликам была сделана внутривенная инжекция ^{125}J, а затем внутримускульная инжекция стимулирующего щитовидную железу гормона (ТСХ). На облученных кроликах данные инжекции были выполнены 24 часа или 5 дней соответственно после облучения. Необлученные кролики показали повышенное накопление йода в щитовидной железе в то время, когда у облученных животных поглощение йода произошло более медленно в зависимости от дозы облучения и от прошедшего после облучения времени.

В. М. Петриев, В. И. Степченков, Дж. Г. Хачиров

Физические и некоторые радиохимические свойства микросфер альбумина, используемых в радиозотопной диагностике (*на русск. языке*)

Isotopenpraxis **15** (1979) вып. 1, стр. 22 до 25
3 рис., 1 табл., 5 лит.

Проводилось изучение физических и радиохимических свойств меченых микросфер альбумина сыворотки человеческой крови в зависимости от технологии их получения. Показано, что дисперсный состав микросфер зависит от скорости перемешивания реакционной смеси. С повышением скорости перемешивания средний радиус микросфер уменьшается. Была установлена функциональная зависимость активности микросфер от их размера, она оказалась квадратичной при нанесении метки на микросферы после их приготовления и кубичной при введении метки в момент приготовления микросфер. Зная параметры распределения частиц по размерам и вид функциональной зависимости активности микросфер от их размера, можно расчитать количествео частиц в единице массы. Установлено, что высокая радиохимическая чистота препаратов сохраняется на протяжении длительного периода их хранения.

Совещания

Isotopenpraxis **15** (1979) вып. 1, стр. 25 до 26

Новая литература

Isotopenpraxis **15** (1979) вып. 1, стр. 26 до 28

KLAUS ELK/WILMUT GASSER

Die Methode der Greenschen Funktionen in der Festkörperphysik

1978. Etwa 240 Seiten — 22 Abbildungen — 8° — etwa 18,— M

Bestell-Nr. 7625016 (6454)

Die vielfältigen Anwendungsmöglichkeiten der Methode der Greenschen Funktionen werden an einer Reihe typischer Probleme der Festkörperphysik demonstriert. Die Darlegung eines Problems führt dabei stets von den theoretischen Grundlagen bis zu Aussagen über das experimentell beobachtete Verhalten des untersuchten Systems. Mathematische Fragen werden nur in dem für die Klärung des physikalischen Sachverhalts benötigten Umfang behandelt. Zum Verständnis des Buches sind lediglich Grundkenntnisse der Quantenphysik erforderlich, wie sie im Rahmen üblicher Kurs-Vorlesungen geboten werden. Dadurch ist diese Darstellung sowohl für Studenten und Forschungsstudenten mit festkörperphysikalischen Interessen als auch für in der Praxis arbeitende Physiker geeignet. Die erreichte Einheitlichkeit bei der Behandlung unterschiedlichster Anwendungen erleichtert das Verständnis dieser sehr wichtigen Methode.

Bestellungen durch eine Buchhandlung erbeten

THEORIA CUM PRAXI

AKADEMIE-VERLAG · DDR-108 Berlin, Leipziger Str. 3—4

FSC
www.fsc.org
MIX
Papier | Fördert gute Waldnutzung
FSC® C083411

Zeitfracht Medien GmbH
Ferdinand-Jühlke-Straße 7
99095 Erfurt, Deutschland
produktsicherheit@kolibri360.de